2021 国家注册消防工程师资格考试点石成金系列丛书

消防安全案例分析

王道七

罗 静 仝艳民 谢 波 编著

中国矿业大学出版社

·徐州·

内容提要

本书是对注册消防工程师资格考试“消防安全案例分析”科目教材和考试相关规范的提炼归纳与再演绎，在总结该科目历年考试真题的基础上，凝练出诸如工业建筑防火设计分析等7个综合案例，对“消防安全案例分析”科目知识点进行逐一破解，以帮助考生通过注册消防工程师资格考试。本书主要分为两部分，一是主要考点，共计7个综合案例；二是针对案例分析编制了两套相关测试题，以检验对知识点的掌握情况。

本书可供参加注册消防工程师资格考试的人员使用，还可供消防相关人员参考。

图书在版编目（CIP）数据

消防安全案例分析·王道七/罗静，仝艳民，谢波编著. —徐州：中国矿业大学出版社，2020. 6（2021. 7 重印）

ISBN 978-7-5646-4699-8

Ⅰ. ①消… Ⅱ. ①罗… ②仝… ③谢… Ⅲ. ①消防—安全管理—案例—资格考试—自学参考资料 Ⅳ. ①TU998. 1

中国版本图书馆 CIP 数据核字（2020）第 107885 号

书　　名　消防安全案例分析·王道七
编　　著　罗　静　仝艳民　谢　波
责任编辑　黄本斌
出版发行　中国矿业大学出版社有限责任公司
（江苏省徐州市解放南路　邮编 221008）
营销热销　（0516）83884103　83885105
出版服务　（0516）83995789　83884920
网　　址　http：//www. cumtp. com　**E-mail**：cumtpvip@ cumtp. com
印　　刷　北京市密东印刷有限公司
开　　本　787 mm×1092 mm　1/16　**印张** 10　**字数** 249 千字
版次印次　2020 年 6 月第 1 版　2021 年 7 月第 2 次印刷
定　　价　36. 00 元
（图书出现印装质量问题，本社负责调换）

本书编委会

前言

2015年，注册消防工程师资格考试终于开考了，这是对消防人的认可与致敬。对于热爱专业的消防人来讲，这更是激励我们在这个专业前行的动力。五年来，越来越多的人开始关注消防，越来越多的人开始重视消防，群死群伤的事故越来越少，这与“政府统一领导、部门依法监管、单位全面负责、公民积极参与”的消防工作原则是密不可分的。然而，注册消防工程师资格考试通过率相对于建筑类职业注册资格考试却低得多，这与消防工程的教育有莫大关系。截至2020年，国内开展消防工程专业本科教育的高校仅有17所，而消防又是涉及建筑、水、电、风、管理等方面的交叉专业，精通如此多专业知识的人才少之又少。知识的广度、师资的匮乏、培训的苍白是阻碍参试人员取证的直接原因。鉴于此，我们专门针对注册消防工程师资格考试编写了“2021国家注册消防工程师资格考试点石成金系列丛书”。我们以《消防安全技术实务》《消防安全技术综合能力》《消防安全案例分析》三册考试教材以及相关规范为基础，结合十多年消防工程专业教育的经验，为广大考生奉上一套专业、高效、适用的辅导书籍。

本丛书包括《消防安全案例分析·王道七》《消防安全技术实务·王道七》《消防安全技术综合能力·王道七》三册，“王道七”是广大受益考生给出的响亮名字。2015年是注册消防工程师资格考试的第一年，在没有备考方向、没有历年试题参考的情况下，笔者在案例分析科目培训课程中，用了七道综合案例题将各考点进行了串联，并告诫考生“七道题才是王道”。在那一年，“王道七”囊括了案例分析考试科目79%的考点，在不足1%通过率的考试中，众多考生一次性通过了案例分析科目考试，以至于留下了“王道七”的江湖传说。“王道七”综合案例根据历年考情变化，在各位考生的殷切期盼下，我们将此公开出版。本丛书具有以下特点：

1. 千锤百炼，精练考点

大道至简，知易行难。本丛书选取了2015—2020年注册消防工程师资格考试的精华考点，将“消防安全案例分析”科目的考试要点凝练为七道考题，将“消防安全技术实务”和“消防安全技术综合能力”各凝练为119个考点。这些考点不是对知识点盲目的拼凑，而是经过多年实践的检验修正之后才正式公开出版的，力求让参加注册消防工程师资格考试的考生在学习上做到事半功倍。

2. 考学结合，以试为主

知行合一，得到功成。本丛书针对各科考点内容，专项编写了与真题水平相当的练习题，达到实战的目的。消防考试一讲即会，一做就错，为什么？主要问题是考生见过的出题套路少，临考状态时想起来的考点少，不是没有学过，而是不会用。因此，要想一次性通过考试，在明白考点的前提下，针对性的训练是很有必要的。需要注意的是，即使完全覆盖教材，考试中也有超纲部分，这要注意临考心理，不畏惧，只要掌握了本丛书的考点内容，取得 72 分的通过成绩是不难的。

3. 苦中有乐，纸短情长

行者无疆，一览众山。本丛书是一套写给消防人的“情书”。注册消防工程师资格考试流传“三分天注定，七分靠打拼，剩下一百一十分全靠蒙”的段子，三年、三科，是一个磨炼人心智的考试。很多人被这场考试打击得信心全无，因此，在每一个考点前，笔者语重心长地写下了考点导语。我与众多考生交流过，他们中有的是工地上的项目经理，有的是全职带两个孩子的妈妈，甚至有的还在与病魔作斗争，他们通过考试的背后，都有一个共同的特点——坚持。参加注册消防工程师资格考试的人年纪大多在 33~45 岁之间，这也是人生最忙碌的黄金年龄。抓紧时间为自己充电，不要为低质量的社交浪费最宝贵的时间。只有自己足够强大，才有能力得到自己想要的东西。

本书共包括七个案例及两套案例模拟题。案例一至案例三由西南林业大学仝艳民老师编写，并负责 A、B 卷对应模拟题的编写；案例四至案例七由西南林业大学罗静老师编写，并负责 A、B 卷对应模拟题的编写；谢波老师等对本书进行了审核，并提出了具体的修改意见。本书是供具有一定学习基础的考生使用的，建议在 9—10 月使用本书作为冲刺阶段复习资料。7—8 月，建议使用罗静老师等编著的《一级注册消防工程师资格考试历年真题（实务+综合+案例）及解析》作为基础阶段复习资料；10—11 月，建议使用罗静老师等编著的《一级注册消防工程师资格考试押题密卷》作为考前押题资料。

由于版面和水平所限，本书使用了一些精练语言，编写过程中，虽校正再三，仍难免存在疏漏之处，恳请广大读者批评指正。

2021 年 5 月

Contents 目录

案例一　工业建筑防火设计分析

案例二　民用建筑防火设计分析

案例四 消防给水与消火栓系统分析

案例五 自动喷水灭火系统设计

案例一　工业建筑防火设计分析

1. 指出该厂房（仓库）在总平面布局方面存在的消防安全问题，并提出解决方案。
2. 指出该厂房（仓库）在防火分区方面存在的消防安全问题，并提出解决方案。
3. 指出该厂房（仓库）在平面布置或防火分隔方面存在的消防安全问题，并提出解决方案。
4. 指出该厂房（仓库）在安全疏散方面存在的消防安全问题，并提出解决方案。
5. 指出该厂房（仓库）在防火防爆方面存在的消防安全问题，并提出解决方案。

1. 指出该厂房（仓库）在总平面布局方面存在的消防安全问题，并提出解决方案。

核心考点 1-1-1　厂房火灾危险性

生产的火灾危险性类别	使用或产生下列物质生产的火灾危险性特征	举　例
甲类	1. 闪点<28 ℃的液体	闪点小于 28 ℃的油品和有机溶剂的提炼、回收或洗涤部位及其泵房，橡胶制品的涂胶和胶浆部位，二硫化碳的粗馏、精馏工段及其应用部位，青霉素提炼部位，原料药厂的非那西汀车间的烃化回收及电感精馏部位，皂素车间的抽提、结晶及过滤部位，冰片精制部位，农药厂乐果厂房，敌敌畏的合成厂房，磺化法糖精厂房，氯乙醇厂房，环氧乙烷、环氧丙烷工段，苯酚厂房的磺化、蒸馏部位，焦化厂吡啶工段，胶片厂片基车间，汽油加铅室，甲醇、乙醇、丙酮、丁酮异丙醇、醋酸乙酯、苯等的合成或精制厂房，集成电路工厂的化学清洗间（使用闪点小于 28 ℃的液体），植物油加工厂的浸出车间，白酒液态法酿酒车间、酒精蒸馏塔，酒精度为 38 度及以上的勾兑车间、灌装车间、酒泵房，白兰地蒸馏车间、勾兑车间、灌装车间、酒泵房
	2. 爆炸下限<10%的气体	乙炔站，氢气站，石油气体分馏（或分离）厂房，氯乙烯厂房，乙烯聚合厂房，天然气、石油伴生气、矿井气、水煤气或焦炉煤气的净化（如脱硫）厂房压缩机室及鼓风机室，液化石油气灌瓶间，丁二烯及其聚合厂房，醋酸乙烯厂房，电解水或电解食盐厂房，环己酮厂房，乙基苯和苯乙烯厂房，化肥厂的氢氮气压缩厂房，半导体材料厂使用氢气的拉晶间，硅烷热分解室
	3. 常温下能自行分解或在空气中氧化能导致迅速自燃或爆炸的物质	硝化棉厂房及其应用部位，赛璐珞厂房，黄磷制备厂房及其应用部位，三乙基铝厂房，染化厂某些能自行分解的重氮化合物生产部位，甲胺厂房，丙烯腈厂房
	4. 常温下受到水或空气中水蒸气的作用，能产生可燃气体并引起燃烧或爆炸的物质	金属钠、钾加工厂房及其应用部位，聚乙烯厂房的一氧二乙基铝部位，三氯化磷厂房，多晶硅车间三氯氢硅部位，五氧化二磷厂房

续表

生产的火灾危险性类别	使用或产生下列物质生产的火灾危险性特征	举 例
甲类	5. 遇酸、受热、撞击、摩擦、催化以及遇有机物或硫黄等易燃的无机物，极易引起燃烧或爆炸的强氧化剂	氯酸钠、氯酸钾厂房及其应用部位，过氧化氢厂房，过氧化钠、过氧化钾厂房，次氯酸钙厂房
	6. 受撞击、摩擦或与氧化剂、有机物接触时能引起燃烧或爆炸的物质	赤磷制备厂房及其应用部位，五硫化二磷厂房及其应用部位
	7. 在密闭设备内操作温度不小于物质本身自燃点的生产	洗涤剂厂房石蜡裂解部位，冰醋酸裂解厂房
乙类	1. 28 ℃≤闪点<60 ℃的液体	闪点大于或等于 28 ℃至小于 60 ℃的油品和有机溶剂的提炼、回收、洗涤部位及其泵房，松节油或松香蒸馏厂房及其应用部位，醋酸酐精馏厂房，己内酰胺厂房，甲酚厂房，氯丙醇厂房，樟脑油提取部位，环氧氯丙烷厂房，松针油精制部位，煤油灌桶间
	2. 爆炸下限≥10%的气体	一氧化碳压缩机室及净化部位，发生炉煤气或鼓风炉煤气净化部位，氨压缩机房
	3. 不属于甲类的氧化剂	发烟硫酸或发烟硝酸浓缩部位，高锰酸钾厂房，重铬酸钠（红钒钠）厂房
	4. 不属于甲类的易燃固体	樟脑或松香提炼厂房，硫黄回收厂房，焦化厂精萘厂房
	5. 助燃气体	氧气站，空分厂房
	6. 能与空气形成爆炸性混合物的浮游状态的粉尘、纤维，闪点≥60 ℃的液体雾滴	铝粉或镁粉厂房，金属制品抛光部位，煤粉厂房、面粉厂的碾磨部位、活性炭制造及再生厂房，谷物筒仓的工作塔，亚麻厂的除尘器和过滤器室
丙类	1. 闪点≥60 ℃的液体	闪点大于或等于 60 ℃的油品和有机液体的提炼、回收工段及其抽送泵房，香料厂的松油醇部位和乙酸松油脂部位，苯甲酸厂房，苯乙酮厂房，焦化厂焦油厂房，甘油、桐油的制备厂房，油浸变压器室，机器油或变压油灌桶间，柴油灌桶间，润滑油再生部位，配电室（每台装油量大于 60 kg 的设备），沥青加工厂房，植物油加工厂的精炼部位

续表

生产的火灾危险性类别	使用或产生下列物质生产的火灾危险性特征	举 例
丙类	2. 可燃固体	煤、焦炭、油母页岩的筛分、转运工段和栈桥或储仓，木工厂房，竹、藤加工厂房，橡胶制品的压延、成型和硫化厂房，针织品厂房，纺织、印染、化纤生产的干燥部位，服装加工厂房，棉花加工和打包厂房，造纸厂备料、干燥车间，印染厂成品厂房，麻纺厂粗加工车间，谷物加工房，卷烟厂的切丝、卷制、包装车间，印刷厂的印刷车间，毛涤厂选毛车间，电视机、收音机装配厂房，显像管厂装配工段烧枪间，磁带装配厂房，集成电路工厂的氧化扩散间、光刻间，泡沫塑料厂的发泡、成型、印片压花部位，饲料加工厂房，畜（禽）屠宰、分割及加工车间，鱼加工车间
丁类	1. 对不燃烧物质进行加工，并在高温或熔化状态下经常产生强辐射热、火花或火焰的生产	金属冶炼、锻造、铆焊、热轧、铸造、热处理厂房
	2. 利用气体、液体、固体作为燃料或将气体、液体进行燃烧作其他用的各种生产	锅炉房，玻璃原料熔化厂房，灯丝烧拉部位，保温瓶胆厂房，陶瓷制品的烘干、烧成厂房，蒸汽机车库，石灰焙烧厂房，电石炉部位，耐火材料烧成部位，转炉厂房，硫酸车间焙烧部位，电极煅烧工段，配电室（每台装油量小于等于 60 kg 的设备）
	3. 常温下使用或加工难燃烧物质的生产	难燃铝塑材料的加工厂房，酚醛泡沫塑料的加工厂房，印染厂的漂炼部位，化纤厂后加工润湿部位
戊类	常温下使用或加工不燃烧物质的生产	制砖车间，石棉加工车间，卷扬机室，不燃液体的泵房和阀门室，不燃液体的净化处理工段，除镁合金外的金属冷加工车间，电动车库，钙镁磷肥车间（焙烧炉除外），造纸厂或化学纤维厂的浆粕蒸煮工段，仪表、器械或车辆装配车间，氟利昂厂房，水泥厂的轮窑厂房，加气混凝土厂的材料准备、构件制作厂房

备注：

1. 同一座厂房或厂房的任一防火分区内有不同火灾危险性生产时，厂房或防火分区内的生产火灾危险性类别应按火灾危险性较大的部分确定。

2. 当符合下述条件之一时，可按火灾危险性较小的部分确定（S_1 为本层或防火分区的面积；S_2 为火灾危险性较大的生产部位面积）：

① $S_2<5\%S_1$（丁、戊类厂房内油漆工段 $S_2<10\%S_1$）且发生火灾事故时不足以蔓延至其他部位或 S_2 采取了有效的防火措施；

② 丁、戊类厂房内的油漆工段，当采用封闭喷漆工艺，封闭喷漆空间内保持负压、油漆工段设置可燃气体探测报警系统或自动抑爆系统，且 $S_2\leqslant20\%S_1$

核心考点 1-1-2　仓库火灾危险性

储存物品的火灾危险性类别	储存物品的火灾危险性特征	举　例
甲类	1. 闪点<28 ℃的液体	乙烷、戊烷、环戊烷、石脑油、二硫化碳、苯、甲苯、甲醇、乙醇、乙醚、蚁酸甲酯、醋酸甲酯、硝酸乙酯、汽油、丙酮、丙烯、酒精度为38度及以上的白酒
	2. 爆炸下限<10%的气体，受到水或空气中水蒸气的作用能产生爆炸下限<10%气体的固体物质	乙炔、氢、甲烷、环氧乙烷、水煤气、液化石油气、乙烯、丙烯、丁二烯、硫化氢、氯乙烯、电石、碳化铝
	3. 常温下能自行分解或在空气中氧化即能导致迅速自燃或爆炸的物质	硝化棉、硝化纤维胶片、喷漆棉、火胶棉、赛璐珞棉、黄磷
	4. 常温下受到水或空气中水蒸气的作用，能产生可燃气体并引起燃烧或爆炸的物质	金属钾、钠、锂、钙、锶、氢化锂、氢化钠、四氢化锂铝
	5. 遇酸、受热、撞击、摩擦以及遇有机物或硫黄等易燃的无机物，极易引起燃烧或爆炸的强氧化剂	氯酸钾、氯酸钠、过氧化钾、过氧化钠、硝酸铵
	6. 受撞击、摩擦或与氧化剂、有机物接触时能引起燃烧或爆炸的物质	赤磷、五硫化二磷、三硫化二磷
乙类	1. 28 ℃≤闪点<60 ℃的液体	煤油、松节油、丁烯醇、异戊醇、丁醚、醋酸丁酯、硝酸戊酯、乙酰丙酮、环己胺、溶剂油、冰醋酸、樟脑油、蚁酸
	2. 爆炸下限≥10%的气体	氨气、一氧化碳
	3. 不属于甲类的氧化剂	硝酸铜、铬酸、亚硝酸钾、重铬酸钠、铬酸钾、硝酸、硝酸汞、硝酸钴、发烟硫酸、漂白粉
	4. 不属于甲类的易燃固体	硫黄、镁粉、铝粉、赛璐珞板（片）、樟脑、萘、生松香、硝化纤维漆布、硝化纤维色片

续表

储存物品的火灾危险性类别	储存物品的火灾危险性特征	举例
乙类	5. 助燃气体	氧气、氟气、液氯
	6. 常温下与空气接触能缓慢氧化，积热不散引起自燃的物品	漆布及其制品，油布及其制品，油纸及其制品，油绸及其制品
丙类	1. 闪点≥60 ℃的液体	动物油、植物油、沥青、蜡、润滑油、机油、重油，闪点大于等于 60 ℃的柴油，糖醛，白兰地成品库
	2. 可燃固体	化学、人造纤维及其织物，纸张，棉、毛、丝、麻及其织物，谷物，面粉，粒径大于等于 2 mm 的工业成型硫黄，天然橡胶及其制品，竹、木及其制品，中药材，电视机、收录机等电子产品，计算机房已录数据的磁盘储存间，冷库中的鱼、肉间
丁类	难燃烧物品	自熄性塑料及其制品，酚醛泡沫塑料及其制品，水泥刨花板
戊类	不燃烧物品	钢材、铝材、玻璃及其制品，搪瓷制品、陶瓷制品，不燃气体，玻璃棉、岩棉、陶瓷棉，硅酸铝纤维，矿棉，石膏及其无纸制品，水泥、石、膨胀珍珠岩

备注：

1. 同一座仓库或仓库的任一防火分区内储存不同火灾危险性物品时，仓库或防火分区的火灾危险性应按火灾危险性最大的物品确定。
2. 丁、戊类储存物品仓库的火灾危险性，当可燃包装重量>物品本身重量的 1/4 或可燃包装体积>物品本身体积的 1/2 时，应按丙类确定

核心考点 1-1-3 厂房之间的防火间距

<table>
<tr><th>建筑性质</th><th>情况</th><th>防火间距/m</th></tr>
<tr><td>厂房的防火间距</td><td>厂房之间及与乙、丙、丁、戊类仓库的防火间距</td><td>见下表</td></tr>
</table>

<table>
<tr><td colspan="3" rowspan="3">名　称</td><td>甲类厂房</td><td colspan="3">乙类厂房（仓库）</td><td colspan="4">丙、丁、戊类厂房（仓库）</td><td colspan="5">民用建筑</td></tr>
<tr><td>单、多层</td><td colspan="2">单、多层</td><td>高层</td><td colspan="3">单、多层</td><td>高层</td><td colspan="3">裙房，单、多层</td><td colspan="2">高层</td></tr>
<tr><td>一、二级</td><td>一、二级</td><td>三级</td><td>一、二级</td><td>一、二级</td><td>三级</td><td>四级</td><td>一、二级</td><td>一、二级</td><td>三级</td><td>四级</td><td>一类</td><td>二类</td></tr>
<tr><td>甲类厂房</td><td>单、多层</td><td>一、二级</td><td>12</td><td>12</td><td>14</td><td>13</td><td>12</td><td>14</td><td>16</td><td>13</td><td colspan="3" rowspan="4">25</td><td colspan="2" rowspan="4">50</td></tr>
<tr><td rowspan="3">乙类厂房</td><td rowspan="2">单、多层</td><td>一、二级</td><td>12</td><td>10</td><td>12</td><td>13</td><td>10</td><td>12</td><td>14</td><td>13</td></tr>
<tr><td>三级</td><td>14</td><td>12</td><td>14</td><td>15</td><td>12</td><td>14</td><td>16</td><td>15</td></tr>
<tr><td>高层</td><td>一、二级</td><td>13</td><td>13</td><td>15</td><td>13</td><td>13</td><td>15</td><td>17</td><td>13</td></tr>
<tr><td rowspan="4">丙类厂房</td><td rowspan="3">单、多层</td><td>一、二级</td><td>12</td><td>10</td><td>12</td><td>13</td><td>10</td><td>12</td><td>14</td><td>13</td><td>10</td><td>12</td><td>14</td><td>20</td><td>15</td></tr>
<tr><td>三级</td><td>14</td><td>12</td><td>14</td><td>15</td><td>12</td><td>14</td><td>16</td><td>15</td><td>12</td><td>14</td><td>16</td><td rowspan="2">25</td><td rowspan="2">20</td></tr>
<tr><td>四级</td><td>16</td><td>14</td><td>16</td><td>17</td><td>14</td><td>16</td><td>18</td><td>17</td><td>14</td><td>16</td><td>18</td></tr>
<tr><td>高层</td><td>一、二级</td><td>13</td><td>13</td><td>15</td><td>13</td><td>13</td><td>15</td><td>17</td><td>13</td><td>13</td><td>15</td><td>17</td><td>20</td><td>15</td></tr>
<tr><td rowspan="4">丁、戊类厂房</td><td rowspan="3">单、多层</td><td>一、二级</td><td>12</td><td>10</td><td>12</td><td>13</td><td>10</td><td>12</td><td>14</td><td>13</td><td>10</td><td>12</td><td>14</td><td>15</td><td>13</td></tr>
<tr><td>三级</td><td>14</td><td>12</td><td>14</td><td>15</td><td>12</td><td>14</td><td>16</td><td>15</td><td>12</td><td>14</td><td>16</td><td rowspan="2">18</td><td rowspan="2">15</td></tr>
<tr><td>四级</td><td>16</td><td>14</td><td>16</td><td>17</td><td>14</td><td>16</td><td>18</td><td>17</td><td>14</td><td>16</td><td>18</td></tr>
<tr><td>高层</td><td>一、二级</td><td>13</td><td>13</td><td>15</td><td>13</td><td>13</td><td>15</td><td>17</td><td>13</td><td>13</td><td>15</td><td>17</td><td>15</td><td>13</td></tr>
<tr><td rowspan="3">室外变、配电站</td><td rowspan="3">变压器总油量/t</td><td>≥5，≤10</td><td rowspan="3">25</td><td rowspan="3">25</td><td rowspan="3">25</td><td rowspan="3">25</td><td>12</td><td>15</td><td>20</td><td>12</td><td>15</td><td>20</td><td>25</td><td colspan="2">20</td></tr>
<tr><td>>10，≤50</td><td>15</td><td>20</td><td>25</td><td>15</td><td>20</td><td>25</td><td>30</td><td colspan="2">25</td></tr>
<tr><td>>50</td><td>20</td><td>25</td><td>30</td><td>20</td><td>25</td><td>30</td><td>35</td><td colspan="2">30</td></tr>
</table>

注：（1）甲、乙类厂房与重要公共建筑的防火间距≥50 m；与明火或散发火花地点≥30 m。

（2）单、多层戊类厂房之间及与戊类仓库的防火间距可按本表的规定减少 2 m，与民用建筑的防火间距等同民用建筑执行。

（3）为丙、丁、戊类厂房服务而单独设置的生活用房应按民用建筑确定，与所属厂房的防火间距不应小于 6 m。

（4）同一座“U”形或“山”形厂房相邻两翼之间的防火间距，按本表确定；但当厂房的占地面积小于每个防火分区最大允许建筑面积时，其防火间距可为 6 m

续表

<table>
<tr><th>建筑性质</th><th>情况</th><th colspan="2">防火间距/m</th></tr>
<tr><td rowspan="11">厂房的防火间距</td><td rowspan="6">厂房之间（或丙、丁、戊类厂房与丙、丁、戊类仓库之间）防火间距减小</td><td>防火间距</td><td>情形描述</td></tr>
<tr><td rowspan="2">防火间距不限，但甲类厂房之间不应小于 4 m</td><td>相邻较高一面外墙为防火墙</td></tr>
<tr><td>相邻两座高度相同的一、二耐火等级建筑中相邻任一侧外墙为防火墙且屋顶的耐火极限不低于 1.00 h</td></tr>
<tr><td>防火间距减少 25%</td><td>两座丙、丁、戊类厂房相邻两面外墙均为不燃性墙体，当无外露的可燃性屋檐，每面外墙上的门、窗、洞口面积之和各不大于外墙面积的 5%，且门、窗、洞口不正对开设</td></tr>
<tr><td rowspan="2">甲、乙类厂房之间的防火间距不应小于 6 m，丙、丁、戊类厂房之间的防火间距不应小于 4 m</td><td>两座一、二级耐火等级的厂房，当相邻较低一面外墙为防火墙且较低一座厂房的屋顶无天窗，屋顶的耐火极限不低于 1.00 h</td></tr>
<tr><td>两座一、二级耐火等级的厂房，相邻较高一面外墙的门、窗等开口部位设置甲级防火门、窗或防火分隔水幕或按规定设置防火卷帘</td></tr>
<tr><td rowspan="5">丙、丁、戊类厂房与民用建筑的防火间距减小</td><td>防火间距</td><td>情形描述</td></tr>
<tr><td rowspan="2">防火间距不限</td><td>丙、丁、戊类厂房与民用建筑的耐火等级均为一、二级，较高一面外墙为无门、窗、洞口的防火墙</td></tr>
<tr><td>丙、丁、戊类厂房与民用建筑的耐火等级均为一、二级，相邻较低一座建筑屋面高 15 m 及以下范围内的外墙为无门、窗、洞口的防火墙</td></tr>
<tr><td rowspan="2">不应小于 4 m</td><td>丙、丁、戊类厂房与民用建筑的耐火等级均为一、二级，相邻较低一面外墙为防火墙，且屋顶无天窗、屋顶耐火极限不低于 1.00 h</td></tr>
<tr><td>丙、丁、戊类厂房与民用建筑的耐火等级均为一、二级，相邻较高一面外墙为防火墙，且墙上门、窗等开口部位设置甲级防火门、窗或防火分隔水幕或按规定设置防火卷帘</td></tr>
</table>

核心考点 1-1-4 仓库之间的防火间距

<table>
<tr><th>建筑性质</th><th>情况</th><th colspan="5">防火间距/m</th></tr>
<tr><td rowspan="7">仓库的防火间距</td><td rowspan="7">甲类仓库之间及与其他建筑的防火间距</td><td rowspan="3">名　称</td><td colspan="4">甲类仓库（储量）/t</td></tr>
<tr><td colspan="2">甲类储存物品第 3、4 项</td><td colspan="2">甲类储存物品第 1、2、5、6 项</td></tr>
<tr><td>≤5</td><td>>5</td><td>≤10</td><td>>10</td></tr>
<tr><td>高层民用建筑、重要公共建筑</td><td colspan="4">50</td></tr>
<tr><td>裙房、其他民用建筑、明火或散发火花地点</td><td>30</td><td>40</td><td>25</td><td>30</td></tr>
<tr><td>甲类仓库</td><td>20</td><td>20</td><td>20</td><td>20</td></tr>
</table>

续表

建筑性质	情况	防火间距/m					
仓库的防火间距	甲类仓库之间及与其他建筑的防火间距	厂房和乙、丙、丁、戊类仓库	一、二级	15	20	12	15
			三级	20	25	15	20
			四级	25	30	20	25
		电力系统电压为35~500 kV且每台变压器容量不小于10 MV·A的室外变、配电站，工业企业的变压器总油量大于5 t的室外降压变电站		30	40	25	30
		厂外铁路线中心线		40			
		厂内铁路线中心线		30			
		厂外道路路边		20			
		厂内道路路边	主要	10			
			次要	5			
		注：甲类仓库之间的防火间距，当第3、4项物品储量不大于2 t，第1、2、5、6项物品储量不大于5 t时，不应小于12 m，甲类仓库与高层仓库的防火间距不应小于13 m					

建筑性质	情况	名称			乙类仓库			丙类仓库				丁、戊类仓库			
					单、多层		高层	单、多层			高层	单、多层			高层
					一、二级	三级	一、二级	一、二级	三级	四级	一、二级	一、二级	三级	四级	一、二级
仓库的防火间距	乙、丙、丁、戊类仓库之间及与民用建筑的防火间距	乙、丙、丁、戊类仓库	单、多层	一、二级	10	12	13	10	12	14	13	10	12	14	13
				三级	12	14	15	12	14	16	15	12	14	16	15
				四级	14	16	17	14	16	18	17	14	16	18	17
			高层	一、二级	13	15	13	13	15	17	13	13	15	17	13

续表

<table>
<tr><th>建筑性质</th><th>情况</th><th>防火间距/m</th></tr>
<tr><td rowspan="3">仓库的防火间距</td><td>乙、丙、丁、戊类仓库之间及与民用建筑的防火间距</td><td>
<table>
<tr><td rowspan="5">民用建筑</td><td rowspan="3">裙房，单、多层</td><td>一、二级</td><td rowspan="3">25</td><td>10</td><td>12</td><td>14</td><td>13</td><td>10</td><td>12</td><td>14</td><td>13</td></tr>
<tr><td>三级</td><td>12</td><td>14</td><td>16</td><td>15</td><td>12</td><td>14</td><td>16</td><td>15</td></tr>
<tr><td>四级</td><td>14</td><td>16</td><td>18</td><td>17</td><td>14</td><td>16</td><td>18</td><td>17</td></tr>
<tr><td rowspan="2">高层</td><td>一类</td><td rowspan="2">50</td><td>20</td><td>25</td><td>25</td><td>20</td><td>15</td><td>18</td><td>18</td><td>15</td></tr>
<tr><td>二类</td><td>15</td><td>20</td><td>20</td><td>15</td><td>13</td><td>15</td><td>15</td><td>13</td></tr>
</table>
注：(1) 单、多层戊类仓库之间的防火间距，可按本表的规定减少 2 m。
(2) 除乙类第 6 项物品外的乙类仓库，与民用建筑的防火间距不宜小于 25 m，与重要公共建筑的防火间距不应小于 50 m，与铁路、道路等的防火间距不宜小于甲类仓库与铁路、道路等的防火间距
</td></tr>
<tr><td>乙、丙、丁、戊类仓库的防火间距</td><td>
<table>
<tr><th>防火间距</th><th>情形描述</th></tr>
<tr><td>丙类仓库不应小于 6 m，丁、戊类仓库不应小于 4 m</td><td>两座丙、丁、戊类仓库的相邻外墙均为防火墙</td></tr>
<tr><td rowspan="2">防火间距不限</td><td>两座仓库相邻较高一面外墙为防火墙，且两座仓库总占地面积不大于规范要求的一个仓库的总占地面积</td></tr>
<tr><td>相邻两座高度相同的一、二耐火等级建筑中相邻任一侧外墙为防火墙，且屋顶的耐火极限不低于 1.00 h，且两座仓库总占地面积不大于规范要求的一个仓库的总占地面积</td></tr>
</table>
</td></tr>
<tr><td>丁、戊类仓库与民用建筑的防火间距</td><td>
<table>
<tr><th>防火间距</th><th>情形描述</th></tr>
<tr><td>防火间距不限</td><td>丁、戊类仓库与民用建筑的耐火等级均为一、二级时，较高一面外墙为无门、窗、洞口的防火墙，或比相邻较低一座建筑屋面高 15 m 及以下范围内的外墙为无门、窗、洞口的防火墙</td></tr>
<tr><td rowspan="2">防火间距不应小于 4 m</td><td>丁、戊类仓库与民用建筑的耐火等级均为一、二级时，相邻较低一面外墙为防火墙，且屋顶无天窗或洞口，屋顶耐火极限不低于 1.00 h</td></tr>
<tr><td>丁、戊类仓库与民用建筑的耐火等级均为一、二级时，相邻较高一面外墙为防火墙，且墙上开口部位采取了防火措施</td></tr>
</table>
</td></tr>
</table>

核心考点1-1-5 消防救援设施

<table>
<tr><th>分类</th><th>项目</th><th>内 容</th></tr>
<tr><td rowspan="4">消防车道</td><td>设置环形消防车道或沿两个长边设置消防车道的场所</td><td>1. 高层厂房。
2. 占地面积>3 000 m^2 的甲、乙、丙类厂房。
3. 占地面积>1 500 m^2 的乙、丙类仓库</td></tr>
<tr><td>设置穿过建筑物的消防车道或环形消防车道的场所</td><td>1. 沿街长度>150 m。
2. 总长度>220 m</td></tr>
<tr><td>设置进入内院或天井的消防车道的场所</td><td>有封闭内院或天井的建筑物，当内院或天井的短边长度>24 m</td></tr>
<tr><td>消防车道技术参数</td><td>1. 车道的净宽度和净空高度均不应小于4.0 m。
2. 转弯半径应满足消防车转弯的要求：普通消防车 9 m；登高车 12 m；特种车 16~20 m。
3. 消防车道与建筑之间不应设置妨碍消防车操作的树木、架空管线等障碍物。
4. 消防车道靠建筑外墙一侧的边缘距离建筑外墙不宜小于 5 m。
5. 消防车道的坡度不宜大于 8%。
6. 环形消防车道至少应有两处与其他车道连通。尽头式消防车道应设置回车道或回车场，回车场的面积不应小于 12 m×12 m；对于高层建筑，不宜小于 15 m×15 m；供重型消防车使用时，不宜小于 18 m×18 m</td></tr>
<tr><td>消防登高操作场地</td><td>消防登高操作场地技术参数</td><td>
<table>
<tr><td>建筑高度 H</td><td>H>50 m</td><td>24 m<H≤50 m</td></tr>
<tr><td>布置</td><td>连续布置</td><td>连续或分段布置</td></tr>
<tr><td>宽</td><td colspan="2">≥10 m</td></tr>
<tr><td>长</td><td>≥max(一个长边，20 m，建筑的 1/4 周长)</td><td>≥max(一个长边，15 m，建筑的 1/4 周长)
分段布置间距：≤30 m</td></tr>
<tr><td>距外墙</td><td colspan="2">5 m≤间距≤10 m</td></tr>
<tr><td>坡度</td><td colspan="2">≤3%</td></tr>
<tr><td>其他要求</td><td colspan="2">1. 消防车登高操作场地范围内的裙房进深≤4 m。
2. 建筑物与消防车登高操作场地相对应的范围内，应设置直通室外的楼梯或直通楼梯间的入口</td></tr>
</table>
</td></tr>
</table>

2. 指出该厂房（仓库）在防火分区方面存在的消防安全问题，并提出解决方案。

核心考点 1-2-1 工业建筑耐火等级

建筑性质	最低耐火等级	名　　称
厂房耐火等级	二级	（1）高层厂房，甲、乙类厂房； （2）使用或产生丙类液体的厂房和有火花、赤热表面、明火的丁类厂房； （3）使用特殊贵重的机器、仪表、仪器等设备或物品的建筑； （4）锅炉房； （5）油浸变压器室、高压配电装置室； （6）丙、丁、戊类地下、半地下厂房（包括地下或半地下室）
	三级	（1）建筑面积≤300 m^2 的独立甲、乙类单层厂房； （2）单、多层丙类厂房和多层丁、戊类厂房； （3）建筑面积≤500 m^2 的单层丙类液体的厂房或建筑面积≤1 000 m^2 的单层有火花、赤热表面、明火的丁类厂房； （4）燃煤锅炉房且锅炉的总蒸发量≤4 t/h
仓库耐火等级	二级	（1）高架仓库、高层仓库、甲类仓库（甲类3、4项仓库为一级耐火等级）、多层乙类仓库和储存可燃液体的多层丙类仓库； （2）储存特殊贵重的机器、仪表、仪器等设备或物品的建筑； （3）粮食筒仓； （4）丙、丁、戊类地下、半地下仓库（包括地下或半地下室）
	三级	（1）单层乙类仓库，单层丙类仓库，储存可燃固体的多层丙类仓库和多层丁、戊类仓库； （2）粮食平房仓

核心考点 1-2-2 工业建筑构件耐火极限

	构件名称		耐火等级/h			
			一级	二级	三级	四级
一般情况	墙	防火墙	不燃性 3.00	不燃性 3.00	不燃性 3.00	不燃性 3.00
		承重墙	不燃性 3.00	不燃性 2.50	不燃性 2.00	难燃性 0.50
		楼梯间和前室的墙，电梯井的墙	不燃性 2.00	不燃性 2.00	不燃性 1.50	难燃性 0.50
		疏散走道两侧的隔墙	不燃性 1.00	不燃性 1.00	不燃性 0.50	难燃性 0.25
		非承重外墙、房间隔墙	不燃性 0.75	不燃性 0.50	难燃性 0.50	难燃性 0.25

续表

<table>
<tr><td rowspan="8">一般情况</td><td rowspan="2">构件名称</td><td colspan="4">耐火等级/h</td></tr>
<tr><td>一级</td><td>二级</td><td>三级</td><td>四级</td></tr>
<tr><td>柱</td><td>不燃性 3. 00</td><td>不燃性 2. 50</td><td>不燃性 2. 00</td><td>难燃性 0. 50</td></tr>
<tr><td>梁</td><td>不燃性 2. 00</td><td>不燃性 1. 50</td><td>不燃性 1. 00</td><td>难燃性 0. 50</td></tr>
<tr><td>楼板</td><td>不燃性 1. 50</td><td>不燃性 1. 00</td><td>不燃性 0. 75</td><td>难燃性 0. 50</td></tr>
<tr><td>屋顶承重构件</td><td>不燃性 1. 50</td><td>不燃性 1. 00</td><td>难燃性 0. 50</td><td>可燃性</td></tr>
<tr><td>疏散楼梯</td><td>不燃性 1. 50</td><td>不燃性 1. 00</td><td>不燃性 0. 75</td><td>可燃性</td></tr>
<tr><td>吊顶（包括吊顶格栅）</td><td>不燃性 0. 25</td><td>难燃性 0. 25</td><td>难燃性 0. 15</td><td>可燃性</td></tr>
<tr><td>特殊情况</td><td colspan="5">（1）二级耐火等级建筑内采用不燃材料的吊顶，其耐火极限不限。
（2）甲、乙类厂房和甲、乙、丙类仓库内的防火墙，其耐火极限不应低于 4. 00 h。
（3）一、二级耐火等级单层厂房（仓库）的柱，其耐火极限分别不应低于 2. 50 h 和 2. 00 h。
（4）采用自动喷水灭火系统全保护的一级耐火等级单、多层厂房（仓库）的屋顶承重构件，其耐火极限不应低于 1. 00 h。
（5）除甲、乙类仓库和高层仓库外，一、二级耐火等级建筑的非承重外墙，当采用不燃性墙体时，其耐火极限不应低于 0. 25 h；当采用难燃性墙体时，不应低于 0. 50 h。
（6）4 层及 4 层以下的一、二级耐火等级丁、戊类地上厂房（仓库）的非承重外墙，当采用不燃性墙体时，其耐火极限不限。
（7）二级耐火等级厂房（仓库）内的房间隔墙，当采用难燃性墙体时，其耐火极限应提高 0. 25 h。
（8）二级耐火等级多层厂房和多层仓库内采用预应力钢筋混凝土的楼板，其耐火极限不应低于 0. 75 h。
（9）一、二级耐火等级厂房（仓库）的上人平屋顶，其屋面板的耐火极限分别不应低于 1. 50 h 和 1. 00 h。
（10）一、二级耐火等级厂房（仓库）的屋面板应采用不燃材料</td></tr>
</table>

核心考点 1-2-3 厂房的防火分区划分

<table>
<tr><td>分类</td><td colspan="7">防火分区要求</td></tr>
<tr><td rowspan="6">一般要求</td><td rowspan="2">生产的火灾危险性类别</td><td rowspan="2">厂房的耐火等级</td><td rowspan="2">最多允许层数/层</td><td colspan="4">每个防火分区的最大允许建筑面积/m²</td></tr>
<tr><td>单层厂房</td><td>多层厂房</td><td>高层厂房</td><td>地下或半地下厂房</td></tr>
<tr><td rowspan="2">甲</td><td>一级</td><td rowspan="2">宜采用单层</td><td>4 000</td><td>3 000</td><td>—</td><td>—</td></tr>
<tr><td>二级</td><td>3 000</td><td>2 000</td><td>—</td><td>—</td></tr>
<tr><td rowspan="2">乙</td><td>一级</td><td>不限</td><td>5 000</td><td>4 000</td><td>2 000</td><td>—</td></tr>
<tr><td>二级</td><td>6</td><td>4 000</td><td>3 000</td><td>1 500</td><td>—</td></tr>
</table>

续表

<table>
<tr><td>分类</td><td colspan="7">防火分区要求</td></tr>
<tr><td rowspan="11">一般要求</td><td rowspan="2">生产的火灾危险性类别</td><td rowspan="2">厂房的耐火等级</td><td rowspan="2">最多允许层数/层</td><td colspan="4">每个防火分区的最大允许建筑面积/m²</td></tr>
<tr><td>单层厂房</td><td>多层厂房</td><td>高层厂房</td><td>地下或半地下厂房</td></tr>
<tr><td rowspan="3">丙</td><td>一级</td><td>不限</td><td>不限</td><td>6 000</td><td>3 000</td><td>500</td></tr>
<tr><td>二级</td><td>不限</td><td>8 000</td><td>4 000</td><td>2 000</td><td>500</td></tr>
<tr><td>三级</td><td>2</td><td>3 000</td><td>2 000</td><td>—</td><td>—</td></tr>
<tr><td rowspan="3">丁</td><td>一、二级</td><td>不限</td><td>不限</td><td>不限</td><td>4 000</td><td>1 000</td></tr>
<tr><td>三级</td><td>3</td><td>4 000</td><td>2 000</td><td>—</td><td>—</td></tr>
<tr><td>四级</td><td>1</td><td>1 000</td><td>—</td><td>—</td><td>—</td></tr>
<tr><td rowspan="3">戊</td><td>一、二级</td><td>不限</td><td>不限</td><td>不限</td><td>6 000</td><td>1 000</td></tr>
<tr><td>三级</td><td>3</td><td>5 000</td><td>3 000</td><td>—</td><td>—</td></tr>
<tr><td>四级</td><td>1</td><td>1 500</td><td>—</td><td>—</td><td>—</td></tr>
<tr><td>特殊要求</td><td colspan="7">(1) 甲类厂房只能用防火墙分隔（不允许采用防火卷帘、防火分隔水幕）。
(2) 除甲类厂房外的一、二级耐火等级厂房，当其防火分区的建筑面积大于本表规定，且设置防火墙确有困难时，可采用防火卷帘或防火分隔水幕分隔。
(3) 除麻纺厂房外，一级耐火等级的多层纺织厂房和二级耐火等级的单、多层纺织厂房，其每个防火分区的最大允许建筑面积可按本表的规定增加 0.5 倍，但厂房内的原棉开包、清花车间与厂房内其他部位之间均应采用耐火极限不低于 2.50 h 的防火隔墙分隔，需要开设门、窗、洞口时，应设置甲级防火门、窗。
(4) 一、二级耐火等级的单、多层造纸生产联合厂房，其每个防火分区的最大允许建筑面积可按本表的规定增加 1.5 倍。一、二级耐火等级的湿式造纸联合厂房，当纸机烘缸罩内设置自动灭火系统，完成工段设置有效灭火设施保护时，其每个防火分区的最大允许建筑面积可按工艺要求确定。
(5) 一、二级耐火等级卷烟生产联合厂房内的原料、备料及成组配方、制丝、储丝和卷接包、辅料周转、成品暂存、二氧化碳膨胀烟丝等生产用房应划分独立的防火分隔单元，当工艺条件许可时，应采用防火墙进行分隔。其中制丝、储丝和卷接包车间可划分为一个防火分区，且每个防火分区的最大允许建筑面积可按工艺要求确定，但制丝、储丝及卷接包车间之间应采用耐火极限不低于 2.00 h 的防火隔墙和 1.00 h 的楼板进行分隔。
(6) 厂房内的操作平台、检修平台，当使用人数少于 10 人时，平台的面积可不计入所在防火分区的建筑面积内</td></tr>
<tr><td rowspan="2">防火分区面积加倍</td><td colspan="7">厂房内设置自动灭火系统时，每个防火分区的最大允许建筑面积可增加 1.0 倍。厂房内局部设置自动灭火系统时，其防火分区的增加面积可按该局部面积的 1.0 倍计算</td></tr>
<tr><td colspan="7">当丁、戊类的地上厂房内设置自动灭火系统时，每个防火分区的最大允许建筑面积不限</td></tr>
</table>

核心考点 1-2-4 仓库的防火分区划分

项目	防火分区要求										
	储存物品的火灾危险性类别		仓库的耐火等级	最多允许层数/层	每座仓库最大允许占地面积和每个防火分区的最大允许建筑面积/m^2						
					单层仓库		多层仓库		高层仓库		地下或半地下仓库
					每座仓库	防火分区	每座仓库	防火分区	每座仓库	防火分区	防火分区
一般要求	甲	3、4项	一级	1	180	60	—	—	—	—	—
		1、2、5、6项	一、二级	1	750	250	—	—	—	—	—
	乙	1、3、4项	一、二级	3	2 000	500	900	300	—	—	—
			三级	1	500	250	—	—	—	—	—
		2、5、6项	一、二级	5	2 800	700	1 500	500	—	—	—
			三级	1	900	300	—	—	—	—	—
	丙	1项	一、二级	5	4 000	1 000	2 800	700	—	—	150
			三级	1	1 200	400	—	—	—	—	—
		2项	一、二级	不限	6 000	1 500	4 800	1 200	4 000	1 000	300
			三级	3	2 100	700	1 200	400	—	—	—
	丁		一、二级	不限	不限	3 000	不限	1 500	4 800	1 200	500
			三级	3	3 000	1 000	1 500	500	—	—	—
			四级	1	2 100	700	—	—	—	—	—
	戊		一、二级	不限	不限	不限	不限	2 000	6 000	1 500	1 000
			三级	3	3 000	1 000	2 100	700	—	—	—
			四级	1	2 100	700	—	—	—	—	—

续表

项目	防火分区要求
特殊要求	(1) 仓库内的防火分区之间必须采用防火墙分隔，甲、乙类仓库内防火分区之间的防火墙不应开设门、窗、洞口；地下或半地下仓库（包括地下或半地下室）的最大允许占地面积不应大于相应类别地上仓库的最大允许占地面积。 (2) 一、二级耐火等级的煤均化库，每个防火分区的最大允许建筑面积不应大于 12 000 m^2。 (3) 独立建造的硝酸铵仓库、电石仓库、聚乙烯等高分子制品仓库、尿素仓库、配煤仓库、造纸厂的独立成品仓库，当建筑的耐火等级不低于二级时，每座仓库的最大允许占地面积和每个防火分区的最大允许建筑面积可按本表的规定增加 1.0 倍。 (4) 一、二级耐火等级粮食平房仓的最大允许占地面积不应大于 12 000 m^2，每个防火分区的最大允许建筑面积不应大于 3 000 m^2；三级耐火等级粮食平房仓的最大允许占地面积不应大于 3 000 m^2，每个防火分区的最大允许建筑面积不应大于 1 000 m^2。 (5) 一、二级耐火等级且占地面积不大于 2 000 m^2 的单层棉花库房，其防火分区的最大允许建筑面积不应大于 2 000 m^2。 (6) 一、二级耐火等级冷库的最大允许占地面积和防火分区的最大允许建筑面积，应符合现行国家标准《冷库设计规范》GB 50072 的规定
防火分区面积加倍	仓库内设置自动灭火系统时，除冷库的防火分区外，每座仓库的最大允许占地面积和每个防火分区的最大允许建筑面积增加 1.0 倍

核心考点 1-2-5　物流建筑的防火分区划分

<table>
<tr><th>项目</th><th>防火分区要求</th></tr>
<tr><td rowspan="2">一般要求</td><td>当建筑功能以分拣、加工等作业为主时，应按厂房确定，其中仓储部分应按中间仓库确定</td></tr>
<tr><td>当建筑功能以仓储为主或建筑难以区分主要功能时，应按仓库确定，但当分拣等作业区采用防火墙与储存区完全分隔时，作业区和储存区的防火要求可分别按厂房和仓库确定</td></tr>
<tr><td>特殊要求</td><td>当建筑功能以仓储为主或建筑难以区分主要功能时，当分拣等作业区采用防火墙与储存区完全分隔且符合下表条件时，除自动化控制的丙类高架仓库外，储存区的防火分区最大允许建筑面积和储存区部分建筑的最大允许占地面积如下表所列：
<table>
<tr><th rowspan="3">储存物品的火灾危险性</th><th rowspan="3">储存区的耐火等级</th><th rowspan="3">最多允许层数</th><th colspan="7">建筑内全部设置自动喷水灭火系统和火灾自动报警系统时储存区最大允许占地面积和每个防火分区的最大允许建筑面积/m^2</th></tr>
<tr><th colspan="2">单层</th><th colspan="2">多层</th><th colspan="2">高层</th><th>地下或半地下</th></tr>
<tr><th>占地面积</th><th>防火分区</th><th>占地面积</th><th>防火分区</th><th>占地面积</th><th>防火分区</th><th>防火分区</th></tr>
<tr><td>储存除可燃液体、棉、麻、丝、毛及其他纺织品、泡沫塑料等物品外的丙类物品</td><td>一级</td><td>不限</td><td>24 000</td><td>6 000</td><td>19 200</td><td>4 800</td><td>16 000</td><td>4 000</td><td>1 200</td></tr>
</table></td></tr>
</table>

续表

项目	防火分区要求									
特殊要求	丁	一、二级	不限	不限	12 000	不限	6 000	19 200	4 800	2 000
	戊	一、二级	不限	不限	不限	不限	8 000	24 000	6 000	4 000

3. 指出该厂房（仓库）在平面布置或防火分隔方面存在的消防安全问题，并提出解决方案。

核心考点 1-3-1 厂房的平面布置和防火分隔一般规定

内容	要　求
楼层	甲、乙类厂房不应设置在地下或半地下
宿舍	员工宿舍严禁设置在厂房内
办公室、休息室	办公室、休息室不应设置在甲、乙类厂房内。可贴邻，耐火等级二级，3.00 h 的防爆墙与厂房分隔，独立的安全出口
	办公室、休息室设置在丙类厂房内时，应采用 2.50 h 的防火隔墙和 1.00 h 的楼板、乙级防火门与其他部位分隔，并应至少设置 1 个独立的安全出口
中间仓库	甲、乙类中间仓库应靠外墙布置，其储量不宜超过 1 昼夜的需要量
	甲、乙、丙类中间仓库应采用防火墙和 1.50 h 的不燃性楼板、甲级防火门与其他部位分隔
	丁、戊类中间仓库应采用 2.00 h 的防火隔墙和 1.00 h 的楼板、乙级防火门与其他部位分隔
丙类液体中间储罐	厂房内的丙类液体中间储罐应设置在单独房间内，其容量≤5 m^3，3.00 h 的防火隔墙和 1.50 h 的楼板与其他部位分隔，甲级防火门
变、配电站	变、配电站不应设置在甲、乙类厂房内或贴邻，且不应设置在爆炸性气体、粉尘环境的危险区域内
	供甲、乙类厂房专用的 10 kV 及以下的变、配电站，当采用无门、窗、洞口的防火墙分隔时，可一面贴邻。乙类厂房的配电站确需在防火墙上开窗时，应采用甲级防火窗

核心考点 1-3-2 仓库的平面布置和防火分隔一般规定

内容	要　求
楼层	甲、乙类仓库不应设置在地下或半地下
宿舍	员工宿舍严禁设置在仓库内
办公室、休息室	办公室、休息室等严禁设置在甲、乙类仓库内，也不应贴邻
	办公室、休息室设置在丙、丁类仓库内时，应采用 2.50 h 防火隔墙和 1.00 h 楼板、乙级防火门与其他部位分隔，并设置独立的安全出口

4. 指出该厂房（仓库）在安全疏散方面存在的消防安全问题，并提出解决方案。

核心考点 1-4-1　厂房、仓库的安全出口和疏散门的要求和数量

<table>
<tr><th>分类</th><th>场所</th><th>设置要求</th></tr>
<tr><td colspan="2">安全出口一般要求</td><td>厂房、仓库的安全出口应分散布置。每个防火分区或一个防火分区的每个楼层，其相邻 2 个安全出口最近边缘之间的水平距离不应小于 5 m</td></tr>
<tr><td colspan="2" rowspan="2">疏散门的一般要求</td><td>疏散门应向疏散方向开启，除甲、乙类生产车间外，人数不超过 60 人的房间且每樘门的平均疏散人数不超过 30 人时，其门的开启方向不限</td></tr>
<tr><td>厂房的疏散门应采用平开门，不应采用推拉门、卷帘门、吊门、转门和折叠门；但丙、丁、戊类仓库首层靠墙的外侧可采用推拉门或卷帘门</td></tr>
<tr><td rowspan="2">可设一个安全出口</td><td>厂房</td><td>
<table>
<tr><th colspan="3">厂房可设一个安全出口的前提条件</th></tr>
<tr><th>厂房类别</th><th>每层建筑面积/m^2</th><th>且同一时间的作业人数/人</th></tr>
<tr><td>甲类</td><td>≤100</td><td>≤5</td></tr>
<tr><td>乙类</td><td>≤150</td><td>≤10</td></tr>
<tr><td>丙类</td><td>≤250</td><td>≤20</td></tr>
<tr><td>丁、戊类</td><td>≤400</td><td>≤30</td></tr>
<tr><td>地下、半地下厂房或厂房的地下室、半地下室</td><td>≤50</td><td>≤15</td></tr>
</table>
地下或半地下厂房（包括地下或半地下室），当有多个防火分区相邻布置，并采用防火墙分隔时，每个防火分区可利用防火墙上通向相邻防火分区的甲级防火门作为第二安全出口，但每个防火分区必须至少有 1 个直通室外的独立安全出口
</td></tr>
<tr><td>仓库</td><td>
<table>
<tr><th>仓库可设一个安全出口的前提条件</th></tr>
<tr><td>（1）一座仓库的占地面积≤300 m^2 或防火分区的建筑面积≤100 m^2</td></tr>
<tr><td>（2）地下、半地下仓库或仓库的地下室、半地下室，建筑面积≤100 m^2</td></tr>
<tr><td>（3）粮食筒仓上层面积<1 000 m^2，且作业人数≤2 人</td></tr>
<tr><td>地下或半地下仓库（包括地下或半地下室），当有多个防火分区相邻布置并采用防火墙分隔时，每个防火分区可利用防火墙上通向相邻防火分区的甲级防火门作为第二安全出口，但每个防火分区必须至少有 1 个直通室外的安全出口</td></tr>
</table>
</td></tr>
</table>

核心考点 1-4-2　厂房、仓库楼梯间的选择与要求

疏散楼梯间类型	检查内容	设置要求
封闭楼梯间	构造	人员密集的多层丙类厂房、甲乙类厂房，其封闭楼梯间的门应采用乙级防火门，并应向疏散方向开启；其他建筑，可采用双向弹簧门
	适用范围	(1) 高层厂房、甲乙丙类多层厂房、高层仓库。 (2) 当地下层数不超过 2 层，且室内地面与入口地坪高差≤10 m
防烟楼梯间	构造	(1) 应设置防烟设施。 (2) 前室的使用面积：高层厂房（仓库）≥6.0 m^2。与消防电梯间前室合用时，合用前室的使用面积：高层厂房（仓库）≥10.0 m^2。 (3) 疏散走道通向前室以及前室通向楼梯间的门应采用乙级防火门
	适用范围	(1) 建筑高度 H>32 m 且任一层人数>10 人的高层厂房。 (2) 当地下层数为 3 层及以上，或室内地面与入口地坪高差>10 m
其他楼梯间	适用范围	(1) 可不设置防烟楼梯间和封闭楼梯间的仓房、仓库可采用敞开楼梯间。 (2) 用作丁、戊类厂房内第二安全出口的楼梯可采用金属梯，但其净宽度不应小于 0.90 m，倾斜角度不应大于 45°。 (3) 丁、戊类高层厂房，当每层工作平台上的人数不超过 2 人且各层工作平台上同时工作的人数总和不超过 10 人时，其疏散楼梯可采用敞开楼梯或利用净宽度不小于 0.90 m、倾斜角度不大于 60°的金属梯

核心考点 1-4-3　厂房的安全疏散距离

厂房内任一点至最近安全出口的直线距离　　单位：m

生产场所的火灾危险性类别	耐火等级	单层厂房	多层厂房	高层厂房	地下或半地下厂房（包括地下或半地下室）
甲	一、二级	30	25	—	—
乙	一、二级	75	50	30	—
丙	一、二级	80	60	40	30
	三级	60	40	—	—
丁	一、二级	不限	不限	50	45
	三级	60	50	—	—
	四级	50	—	—	—
戊	一、二级	不限	不限	75	60
	三级	100	75	—	—
	四级	60	—	—	—

核心考点 1-4-4 厂房的安全疏散宽度

<table>
<tr><th>内 容</th><th>参数要求</th></tr>
<tr><td>百人宽度指标</td><td><table><tr><td>厂房层数/层</td><td>1~2</td><td>3</td><td>≥4</td></tr><tr><td>百人宽度指标/(m/百人)</td><td>0.60</td><td>0.80</td><td>1.00</td></tr></table></td></tr>
<tr><td>最小净宽度</td><td>疏散楼梯的最小净宽度不宜小于 1.10 m，疏散走道的最小净宽度不宜小于 1.40 m，门的最小净宽度不宜小于 0.90 m，首层外门的最小净宽度不应小于 1.20 m</td></tr>
<tr><td>宽度计算方法</td><td>（1）厂房内疏散楼梯、走道、门的各自总净宽度，应根据疏散人数按每 100 人的最小疏散净宽度不小于上表规定计算确定。
（2）当每层疏散人数不相等时，疏散楼梯的总净宽度应分层计算，下层楼梯总净宽度应按该层及以上疏散人数最多一层的疏散人数计算。
（3）首层外门的总净宽度应按该层及以上疏散人数最多一层的疏散人数计算</td></tr>
<tr><td>疏散宽度取值</td><td>计算宽度 = 百人宽度指标×人数/100；疏散宽度≥max（计算宽度，最小净宽度）</td></tr>
</table>

5. 指出该厂房（仓库）在防火防爆方面存在的消防安全问题，并提出解决方案。

核心考点 1-5-1 爆炸性厂房、仓库的防爆措施

<table>
<tr><th>内 容</th><th>要 求</th></tr>
<tr><td rowspan="2">有爆炸危险厂房的总体布局</td><td>（1）有爆炸危险的甲、乙类厂房宜独立设置</td></tr>
<tr><td>（2）有爆炸危险的甲、乙类厂房的总控制室应独立设置；分控制室宜独立设置，当采用 3.00 h 防火隔墙与其他部位分隔时，可贴邻外墙设置</td></tr>
<tr><td rowspan="4">有爆炸危险厂房的平面布置</td><td>（1）有爆炸危险的甲、乙类生产部位，宜布置在单层厂房靠外墙的泄压设施或多层厂房顶层靠外墙的泄压设施附近</td></tr>
<tr><td>（2）在爆炸危险区域内的楼梯间、室外楼梯或与相邻区域连通处，应设置门斗等防护措施。门斗采用 2.00 h 隔墙、甲级防火门，与楼梯间门错位设置</td></tr>
<tr><td>（3）办公室、休息室不得布置在有爆炸危险的甲、乙类厂房内。贴邻时，应设置耐火等级二级、3.00 h 防爆墙、独立的安全出口</td></tr>
<tr><td>（4）排除有燃烧或爆炸危险气体、蒸气和粉尘的排风系统的排风设备不得布置在地下或半地下建筑（室）内</td></tr>
</table>

续表

内　容	要　求
采取的防爆措施	(1) 散发较空气重的可燃气体、可燃蒸气的甲类厂房和有粉尘、纤维爆炸危险的乙类厂房，其地面采用不发火花的地面
	(2) 厂房内不宜设置地沟，确需设置时，其盖板严密，且应在与相邻厂房连通处采用不燃防火材料密封
	(3) 散发可燃粉尘、纤维的厂房内地面应平整、光滑，并易于清扫
	(4) 甲、乙、丙类液体的厂房，其管、沟不应与相邻厂房的管、沟相通，下水道设置隔油设施，避免流淌或滴漏至地下管沟的液体遇火源后引起燃烧爆炸事故并殃及相邻厂房
	(5) 甲、乙、丙类液体仓库设置防止液体流散的设施，例如，在桶装仓库门洞处修筑高为 150~300 mm 的漫坡；或在仓库门口砌筑高度为 150~300 mm 的门槛
	(6) 遇湿会发生燃烧爆炸的物品仓库应采取防止水浸渍的措施，例如，使室内地面高出室外地面、仓库屋面严密遮盖，防止渗漏雨水，装卸栈台应设防雨水的遮挡等

核心考点 1-5-2　厂房泄压要求与计算

内　容	要　求
泄压设施的设置	(1) 有爆炸危险的甲、乙类厂房宜采用敞开或半敞开式，承重结构宜采用钢筋混凝土或钢框架、排架结构
	(2) 作为泄压设施的轻质屋面板和墙体每平方米的质量≤60 kg。泄压设施的设置应避开人员密集场所和主要交通道路，并宜靠近有爆炸危险的部位。屋顶上的泄压设施采取防冰雪积聚措施
	(3) 有爆炸危险的厂房、粮食筒仓工作塔和上通廊设置的泄压面积严格按计算确定
泄压面积的计算	有爆炸危险的甲、乙类厂房，其泄压面积宜按下式计算，但当厂房的长径比大于 3 时，宜将该建筑划分为长径比小于等于 3 的多个计算段，各计算段中的公共截面不得作为泄压面积。其计算公式为：$A=10\,CV^{2/3}$ 式中　A——泄压面积，m^2； V——厂房的容积，m^3； C——泄压比，m^2/m^3。 长径比：指建筑平面几何外形尺寸中的最长尺寸与其横截面周长的积和 4 倍的该建筑横截面积之比

核心考点 1-5-3 厂房建筑设备的防火防爆

设备类型	内　容	要　　求
采暖系统防火防爆	供暖方式的选择	(1) 甲、乙类厂房和甲、乙类库房内严禁采用明火和电热散热器采暖。 (2) 生产过程中散发的可燃气体、蒸气、粉尘或纤维与供暖管道、散热器表面接触能引起燃烧的厂房与生产过程中散发的粉尘受到水、水蒸气的作用能引起自燃、爆炸或产生爆炸性气体的厂房，应采用不循环使用的热风供暖。 (3) 散发可燃粉尘、可燃纤维的生产厂房，不应使用肋形散热器，以防积聚粉尘
	供暖管道的敷设	(1) 供暖管道不应穿过存在与供暖管道接触能引起燃烧或爆炸的气体、蒸气或粉尘的房间，确需穿过时，应采用不燃材料隔热。 (2) 供暖管道与可燃物之间保持的距离应满足以下要求： ① 当温度>100 ℃时，此距离≥100 mm 或采用不燃材料隔热； ② 当温度≤100 ℃时，此距离≥50 mm 或采用不燃材料隔热
	供暖管道和设备绝热材料的燃烧性能	建筑内供暖管道和设备的绝热材料应符合下列规定： (1) 对于甲、乙类厂房（仓库），应采用不燃材料。 (2) 对于其他建筑，不得采用可燃材料
	散热器表面的温度	(1) 在散发可燃粉尘、纤维的厂房内，散热器表面的平均温度≤82.5 ℃。 (2) 输煤廊的散热器的表面平均温度≤130 ℃
通风和空气调节系统防火防爆	空气调节系统的选择	(1) 甲、乙类厂房的空气不应循环使用。 (2) 丙类厂房内含有燃烧或爆炸危险粉尘、纤维的空气，在循环使用前应经净化处理，并应使空气中的含尘浓度低于其爆炸下限的 25%
	送风设备与排风设备	(1) 为甲、乙类厂房服务的送风设备与排风设备应分别布置在不同通风机房内，且排风设备不应和其他房间的送、排风设备布置在同一通风机房内。 (2) 排除有燃烧或爆炸危险气体、蒸气和粉尘的排风系统，应符合下列规定： ① 排风系统应设置导除静电的接地装置； ② 排风设备不应布置在地下或半地下建筑（室）内； ③ 排风管应采用金属管道，并应直接通向室外安全地点，不应暗设

续表

设备类型	内　容	要　　求
通风和空气调节系统防火防爆	管道的敷设	(1) 当空气中含有比空气轻的可燃气体时，水平排风管全长应顺气流方向向上坡度敷设。 (2) 可燃气体管道和甲、乙、丙类液体管道不应穿过通风机房和通风管道，且不应紧贴通风管道的外壁敷设。 (3) 通风和空气调节系统，横向宜按防火分区设置，竖向不宜超过 5 层。当管道设置防止回流设施或防火阀时，管道布置可不受此限制。竖向风管应设置在管道井内。 (4) 厂房内有爆炸危险场所的排风管道严禁穿过防火墙和有爆炸危险的房间隔墙。 (5) 甲、乙、丙类厂房内的送、排风管道宜分层设置。当水平或竖向送风管在进入生产车间处设置防火阀时，各层的水平或竖向送风管可合用一个送风系统。 (6) 排除和输送温度>80 ℃的空气或其他气体以及易燃碎屑的管道，与可燃或难燃物体之间的间隙≥150 mm，或采用厚度≥50 mm 的不燃材料隔热；当管道上下布置时，表面温度较高者应布置在上面
	风管材料的燃烧性能	(1) 接触腐蚀性介质的风管和柔性接头可采用 B1 级材料。 (2) 丙、丁、戊类厂房内通风、空气调节系统的风管，当不跨越防火分区且在穿越房间隔墙处设置防火阀时，可采用 B1 级材料。 (3) 通风、空气调节系统的风管应采用 A 级材料。 (4) 设备和风管的绝热材料、用于加湿器的加湿材料、消声材料及其黏结剂，宜采用 A 级材料，确有困难时，可采用 B1 级材料。 (5) 风管内设置电加热器时，电加热器的开关应与风机的启停联锁控制。电加热器前后各 0. 8 m 范围内的风管和穿过有高温、火源等容易起火房间的风管，均应采用 A 级材料
	防火阀的设置	(1) 通风、空气调节系统的风管在下列部位应设置公称动作温度为 70 ℃的防火阀： ① 穿越防火分区处； ② 穿越通风、空气调节机房的房间隔墙和楼板处； ③ 穿越重要或火灾危险性大的场所的房间隔墙和楼板处； ④ 穿越防火分隔处的变形缝两侧； ⑤ 竖向风管与每层水平风管交接处的水平管段上； ⑥ 当建筑内每个防火分区的通风、空气调节系统均独立设置时，水平风管与竖向总管的交接处可不设置防火阀。 (2) 防火阀的设置应符合下列规定： ① 防火阀宜靠近防火分隔处设置； ② 防火阀暗装时，应在安装部位设置方便维护的检修口； ③ 在防火阀两侧各 2. 0 m 范围内的风管及其绝热材料应采用不燃材料

续表

设备类型	内　容	要　　求
通风和空气调节系统防火防爆	通风、排风系统设备的要求	(1) 对空气中含有易燃、易爆危险物质的房间，其送、排风系统应选用防爆型的通风设备。当送风机布置在单独分隔的通风机房内且送风干管上设置有防止回流设施时，可采用普通型的通风设备。 (2) 燃油或燃气锅炉房应设置自然通风或机械通风设施。燃气锅炉房应选用防爆型的事故排风机。当采取机械通风时，机械通风设施应设置导除静电的接地装置，通风量应符合下列规定： ① 燃油锅炉房的正常通风量换气次数≥3 次/h，事故排风量≥6 次/h； ② 燃气锅炉房的正常通风量换气次数≥6 次/h，事故排风量≥12 次/h
	除尘器、过滤器的设置	(1) 含有燃烧和爆炸危险粉尘的空气在进入排风机前应采用不产生火花的除尘器进行处理；对于遇水可能发生爆炸的粉尘，严禁采用湿式除尘器。 (2) 处理有爆炸危险粉尘的除尘器、排风机的设置应与其他普通型的风机、除尘器分开设置，并宜按单一粉尘分组布置。 (3) 净化有爆炸危险粉尘的干式除尘器和过滤器宜布置在厂房外的独立建筑内，建筑外墙与所属厂房的防火间距不应小于 10 m。 (4) 具备连续清灰功能，或具有定期清灰功能且风量不大于 15 000 m^3/h、集尘斗的储尘量小于 60 kg 的干式除尘器和过滤器，可布置在厂房内的单独房间内，但应采用耐火极限不低于 3.00 h 的防火隔墙和 1.50 h 的楼板与其他部位分隔。 (5) 净化或输送有爆炸危险粉尘和碎屑的除尘器、过滤器或管道，均应设置泄压装置。 (6) 净化有爆炸危险粉尘的干式除尘器和过滤器应布置在系统的负压段上

案例二　民用建筑防火设计分析

1. 指出该建筑在总平面布局方面存在的问题，并提出整改措施。

2. 指出该建筑在防火分区方面存在的问题，并提出整改措施。

3. 指出该建筑在平面布置和防火分隔方面存在的问题，并提出整改措施。

4. 指出该建筑在安全疏散方面存在的问题，并提出整改措施。

5. 指出该建筑内部装修与外墙保温防火方面存在的问题，并提出整改措施。

6. 指出该建筑地下车库的建筑防火设计存在的问题，并提出整改措施。

7. 指出该建筑人防工程的建筑防火设计存在的问题，并提出整改措施。

8. 该建筑楼梯／消防电梯／中庭／有顶商业步行街／避难层（间）／避难走道／下沉式广场／防火隔间的构造是否符合要求？

1. 指出该建筑在总平面布局方面存在的问题，并提出整改措施。

核心考点 2-1-1　民用建筑分类

	名　　称	高层民用建筑		单、多层民用建筑
		一类	二类	
民用建筑	住宅建筑	建筑高度>54 m 的住宅建筑	建筑高度>27 m，但≤54 m 的住宅建筑	建筑高度≤27 m 的住宅建筑
		包括设置商业服务网点的住宅建筑		
	公共建筑	（1）建筑高度>50 m 的公共建筑； （2）24 m 以上任一楼层建筑面积>1 000 m^2 的商店、展览、电信、邮政、财贸金融建筑和其他多种功能组合的建筑； （3）医疗建筑、重要公共建筑、独立建造的老年人照料设施； （4）省级及以上的广播电视和防灾指挥调度建筑、网局级和省级电力调度； （5）藏书>100 万册的图书馆、书库	除住宅建筑和一类高层公共建筑外的其他高层民用建筑	（1）建筑高度>24 m 的单层公共建筑； （2）建筑高度≤24 m 的其他民用建筑

核心考点 2-1-2　民用建筑耐火等级

建筑性质	最低耐火等级	名　　称
民用建筑耐火等级	一级	地下或半地下建筑（室）和一类高层建筑
	二级	单、多层重要公共建筑和二类高层建筑
	三级	除木结构建筑外的老年人照料设施
汽车库、修车库的建筑耐火等级	一级	（1）地下、半地下和高层汽车库； （2）甲、乙类物品运输车的汽车库、修车库； （3）Ⅰ类汽车库、修车库
	二级	Ⅱ、Ⅲ类汽车库、修车库
	三级	Ⅳ类汽车库、修车库

核心考点 2-1-3 民用建筑构件耐火极限

内容	要求					
	构件名称		耐火等级/h			
			一级	二级	三级	四级
一般情况	墙	防火墙	不燃性 3.00	不燃性 3.00	不燃性 3.00	不燃性 3.00
	墙	承重墙	不燃性 3.00	不燃性 2.50	不燃性 2.00	难燃性 0.50
	墙	非承重外墙	不燃性 1.00	不燃性 1.00	不燃性 0.50	可燃性
	墙	楼梯间、前室的墙，电梯井的墙，住宅建筑单元之间的墙和分户墙	不燃性 2.00	不燃性 2.00	不燃性 1.50	难燃性 0.50
	墙	疏散走道两侧的隔墙	不燃性 1.00	不燃性 1.00	不燃性 0.50	难燃性 0.25
	墙	房间隔墙	不燃性 0.75	不燃性 0.50	难燃性 0.50	难燃性 0.25
	柱		不燃性 3.00	不燃性 2.50	不燃性 2.00	难燃性 0.50
	梁		不燃性 2.00	不燃性 1.50	不燃性 1.00	难燃性 0.50
	楼板		不燃性 1.50	不燃性 1.00	不燃性 0.50	可燃性
	屋顶承重构件		不燃性 1.50	不燃性 1.00	可燃性 0.50	可燃性
	疏散楼梯		不燃性 1.50	不燃性 1.00	不燃性 0.50	可燃性
	吊顶（包括吊顶格栅）		不燃性 0.25	难燃性 0.25	难燃性 0.15	可燃性

内容	要求
特殊情况	（1）建筑高度大于 100 m 的民用建筑，其楼板的耐火极限不应低于 2.00 h。 （2）一、二级耐火等级建筑的上人平屋顶，其屋面板的耐火极限分别不应低于 1.50 h 和 1.00 h。 （3）二级耐火等级建筑内采用难燃性墙体的房间隔墙，其耐火极限不应低于 0.75 h；当房间的建筑面积不大于 100 m^2 时，房间隔墙可采用耐火极限不低于 0.50 h 的难燃性墙体或耐火极限不低于 0.30 h 的不燃性墙体。 （4）二级耐火等级多层住宅建筑内采用预应力钢筋混凝土的楼板，其耐火极限不应低于 0.75 h。 （5）二级耐火等级建筑内采用不燃材料的吊顶，其耐火极限不限。 （6）三级耐火等级的医疗建筑、中小学校的教学建筑、老年人照料设施及托儿所、幼儿园的儿童用房和儿童游乐厅等儿童活动场所的吊顶，应采用不燃材料；当采用难燃材料时，其耐火极限不应低于 0.25 h。 （7）二级和三级耐火等级建筑内门厅、走道的吊顶应采用不燃材料。 （8）以木柱承重且墙体采用不燃材料的建筑，其耐火等级可按四级确定

核心考点 2-1-4 民用建筑防火间距

<table>
<tr><th>内容</th><th>要求</th></tr>
<tr><td>一般要求</td><td>
<table>
<tr><td colspan="2" rowspan="2">建筑类别</td><td>高层民用建筑</td><td colspan="3">裙房和其他民用建筑</td></tr>
<tr><td>一、二级</td><td>一、二级</td><td>三级</td><td>四级</td></tr>
<tr><td>高层民用建筑</td><td>一、二级</td><td>13 m</td><td>9 m</td><td>11 m</td><td>14 m</td></tr>
<tr><td rowspan="3">裙房和其他民用建筑</td><td>一、二级</td><td>9 m</td><td>6 m</td><td>7 m</td><td>9 m</td></tr>
<tr><td>三级</td><td>11 m</td><td>7 m</td><td>8 m</td><td>10 m</td></tr>
<tr><td>四级</td><td>14 m</td><td>9 m</td><td>10 m</td><td>12 m</td></tr>
</table>
注：(1) 相邻建筑物通过连廊、天桥或底部的建筑物等连接，其防火间距不应小于本表的规定（对于通过裙房、连廊或天桥连接的建筑物，需将该相邻建筑视为不同的建筑来确定防火间距。对于回字形、U 形、L 形建筑等，两个不同防火分区的相对外墙之间也要有一定的间距，一般不小于 6 m，以防止火灾蔓延到不同分区内。本注中的“底部的建筑物”，主要指如高层建筑通过裙房连成一体的多座高层建筑主体的情形，在这种情况下，尽管在下部的建筑是一体的，但上部建筑之间的防火间距，仍需按两座不同建筑的要求确定）。
(2) 除高层民用建筑外，数座一、二级耐火等级的住宅建筑或办公建筑，当建筑物的占地面积总和不大于 2 500 m^2时，可成组布置，但组内建筑物之间的间距不宜小于 4 m；组与组或组与相邻建筑物的防火间距不应小于本表的规定。
(3) 民用建筑与单独建造的终端变电站（通常是指 10 kV 降压至 380 V 的最末一级变电站，这些变电站的变压器大致在 630~1 000 kV · A 之间）的防火间距，可根据变电站的耐火等级按照本表的规定确定；民用建筑与 10 kV 及以下的预装式变电站的防火间距不应小于 3 m。
(4) 民用建筑与燃油、燃气或燃煤锅炉房的防火间距，可将锅炉房视为丁类厂房来确定有关防火间距；但民用建筑与单台蒸发量不大于 4 t/h 的燃煤蒸汽锅炉房或单台额定热功率不大于 2.8 MW 的燃煤热水锅炉房的防火间距，可将锅炉房视为民用建筑来确定有关防火间距
</td></tr>
<tr><td>防火间距减小</td><td>
<table>
<tr><th>防火间距</th><th>情形描述</th></tr>
<tr><td rowspan="3">防火间距不限</td><td>两座建筑相邻较高一面外墙为防火墙</td></tr>
<tr><td>两座建筑相邻较高的建筑，高出相邻较低一座一、二级耐火等级建筑的屋面 15 m 及以下范围内的外墙为防火墙</td></tr>
<tr><td>相邻两座高度相同的一、二级耐火等级建筑中相邻任一侧外墙为防火墙，屋顶的耐火极限不低于 1.00 h</td></tr>
<tr><td>防火间距减小 25%</td><td>相邻两座单、多层建筑，当相邻外墙为不燃性墙体且无外露的可燃性屋檐，每面外墙上无防火保护的门、窗、洞口不正对开设且该门、窗、洞口的面积之和不大于外墙面积的 5%</td></tr>
<tr><td rowspan="2">对于单、多层建筑不应小于 3.5 m，对于高层建筑不应小于 4 m</td><td>相邻两座建筑中较低一座建筑的耐火等级不低于二级，相邻较低一面外墙为防火墙且屋顶无天窗，屋顶的耐火极限不低于 1.00 h</td></tr>
<tr><td>相邻两座建筑中较低一座建筑的耐火等级不低于二级且屋顶无天窗，相邻较高一面外墙高出较低一座建筑的屋面 15 m 及以下范围内的开口部位设置甲级防火门、窗，或设置符合规定的防火分隔水幕或防火卷帘</td></tr>
<tr><td>不应减小</td><td>建筑高度 $H>100$ m 的民用建筑与相邻建筑的防火间距，当符合规范允许减小的条件时，仍不应减小</td></tr>
</table>
</td></tr>
</table>

核心考点 2-1-5 汽车库、修车库之间或与其他建筑之间的防火间距

内容	要求

一般要求

名称和耐火等级	汽车库、修车库		厂房、仓库、民用建筑		
	一、二级	三级	一、二级	三级	四级
一、二级汽车库、修车库	10 m	12 m	10 m	12 m	14 m
三级汽车库、修车库	12 m	14 m	12 m	14 m	16 m
停车场	6 m	8 m	6 m	8 m	10 m

注：(1) 高层汽车库与其他建筑物，汽车库、修车库与高层建筑的防火间距应按规定值增加 3 m。

(2) 汽车库、修车库与甲类厂房的防火间距应按规定值增加 2 m。

(3) 甲、乙类物品运输车的汽车库、修车库与民用建筑的防火间距不应小于 25 m，与重要公共建筑的防火间距不应小于 50 m。

(4) 甲类物品运输车的汽车库、修车库与明火或散发火花地点的防火间距不应小于 30 m

防火间距可适当减小

防火间距	情形描述
防火间距不限	两座建筑相邻较高的一面外墙为无门、窗、洞口的防火墙
	两座建筑相邻较高的一面外墙比较低一座一、二级耐火等级建筑屋面高 15 m 及以下范围内的外墙为无门、窗、洞口的防火墙时
	停车场与相邻的一、二级耐火等级建筑之间，当相邻建筑的外墙为无门、窗、洞口的防火墙，或比停车部位高 15 m 范围以下的外墙均为无门、窗、洞口的防火墙时
防火间距减小 50%	当两座建筑相邻较高的一面外墙上，同较低建筑等高的以下范围内的墙为无门、窗、洞口的防火墙时
不应小于 4 m	相邻的两座一、二级耐火等级建筑，当较高一面外墙的耐火极限不低于 2.00 h，墙上开口部位设置甲级防火门、窗或耐火极限不低于 2.00 h 的防火卷帘、水幕等防火设施时
	相邻的两座一、二级耐火等级建筑，当较低一座的屋顶无开口，屋顶的耐火极限不低于 1.00 h，且较低一面外墙为防火墙时

核心考点 2-1-6　民用建筑消防救援设施

<table>
<tr><th>分类</th><th>项目</th><th>内容</th></tr>
<tr><td rowspan="4">消防车道</td><td>设置环形消防车道或沿两个长边设置消防车道的场所</td><td>(1) 高层民用建筑。
(2) 座位数>3 000 座位的体育馆。
(3) 座位数>2 000 座位的礼堂。
(4) 占地面积>3 000 m^2 的商店建筑、展览建筑</td></tr>
<tr><td>设置穿过建筑物的消防车道或环形消防车道的场所</td><td>(1) 沿街长度>150 m。
(2) 总长度>220 m</td></tr>
<tr><td>设置进入内院或天井的消防车道的场所</td><td>有封闭内院或天井的建筑物，当内院或天井的短边长度>24 m</td></tr>
<tr><td>消防车道技术参数</td><td>(1) 车道的净宽度和净空高度均不应小于 4.0 m。
(2) 消防车道靠建筑外墙一侧的边缘距离建筑外墙不宜小于 5 m。
(3) 消防车道的坡度不宜大于 8%。
(4) 环形消防车道至少应有两处与其他车道连通。尽头式消防车道应设置回车道或回车场，回车场的面积不应小于 12 m×12 m；对于高层建筑，不宜小于 15 m×15 m；供重型消防车使用时，不宜小于 18 m×18 m</td></tr>
<tr><td>消防登高操作场地</td><td>消防登高操作场地技术参数</td><td>
<table>
<tr><td>建筑高度</td><td>>50 m</td><td>$24\ \text{m}<H\leqslant 50\ \text{m}$</td></tr>
<tr><td>布置</td><td>连续布置</td><td>连续或分段布置</td></tr>
<tr><td>宽</td><td colspan="2">≥10 m</td></tr>
<tr><td>长</td><td>≥max（一个长边，20 m，建筑的 1/4 周长）</td><td>≥ max（一个长边，15 m，建筑的 1/4 周长）
分段布置间距：≤30 m</td></tr>
<tr><td>距外墙</td><td colspan="2">5 m≤间距≤10 m</td></tr>
<tr><td>坡度</td><td colspan="2">≤3%</td></tr>
<tr><td>其他要求</td><td colspan="2">(1) 消防车登高操作场地范围内的裙房进深≤4 m。
(2) 建筑物与消防车登高操作场地相对应的范围内，应设置直通室外的楼梯或直通楼梯间的入口</td></tr>
</table>
</td></tr>
</table>

2. 指出该建筑在防火分区方面存在的问题，并提出整改措施。

核心考点 2-2-1　民用建筑防火分区

<table>
<tr><th>场所</th><th>项目</th><th colspan="5">防火分区要求</th></tr>
<tr><td rowspan="9">民用建筑</td><td rowspan="6">一般要求</td><td>名称</td><td>耐火等级</td><td>允许建筑高度或层数</td><td>防火分区的最大允许建筑面积/m^2</td><td>备注</td></tr>
<tr><td>高层民用建筑</td><td>一、二级</td><td>按规范确定</td><td>1 500</td><td rowspan="2">对于体育馆、剧场的观众厅，防火分区的最大允许建筑面积可适当增加</td></tr>
<tr><td rowspan="3">单、多层民用建筑</td><td>一、二级</td><td>按规范确定</td><td>2 500</td></tr>
<tr><td>三级</td><td>5 层</td><td>1 200</td><td>—</td></tr>
<tr><td>四级</td><td>2 层</td><td>600</td><td>—</td></tr>
<tr><td>地下或半地下建筑（室）</td><td>一级</td><td>—</td><td>500</td><td>设备用房的防火分区最大允许建筑面积不应大于 1 000 m^2</td></tr>
<tr><td>特殊要求</td><td colspan="5">(1) 裙房与高层建筑主体之间设置防火墙时，裙房的防火分区可按单、多层建筑的要求确定。
(2) 防火分区之间应采用防火墙分隔，确有困难时，可采用防火卷帘等防火分隔设施分隔。
(3) 建筑内设置自动扶梯、敞开楼梯等上、下层相连通的开口时，其防火分区的建筑面积应按上、下层相连通的建筑面积叠加计算；当叠加计算后的建筑面积大于规定时，应划分防火分区。
(4) 建筑内设置中庭时，其防火分区的建筑面积应按上、下层相连通的建筑面积叠加计算；当叠加计算后的建筑面积大于规定时，应符合相关要求</td></tr>
<tr><td rowspan="2">防火分区加倍</td><td colspan="5">当建筑内设置自动灭火系统时，可按本表的规定增加 1.0 倍；局部设置时，防火分区的增加面积可按该局部面积的 1.0 倍计算</td></tr>
<tr><td colspan="5">一、二级耐火等级建筑内的商店营业厅、展览厅，当设置自动灭火系统和火灾自动报警系统并采用不燃或难燃装修材料时，其每个防火分区的最大允许建筑面积应符合下列规定：
(1) 设置在高层建筑内时，不应大于 4 000 m^2。
(2) 设置在单层建筑或仅设置在多层建筑的首层内时，不应大于 10 000 m^2。
(3) 设置在地下或半地下时，不应大于 2 000 m^2</td></tr>
</table>

3. 指出该建筑在平面布置和防火分隔方面存在的问题，并提出整改措施。

核心考点 2-3-1　民用建筑平面布局

场　所	内　容	要　　求
营业厅、展览厅	设置层数	不应设置在地下三层及以下楼层
		设置在三级耐火等级建筑内的应在首层或二层
		设置在四级耐火等级建筑内的应在首层
	商品种类	甲、乙类不得在地下、半地下经营，严禁附设在民用建筑内
	防火分隔	地下商业营业厅总建筑面积>20 000 m^2 时，应采用无门窗洞口的防火墙、2.00 h 的楼板进行分隔；对确需局部连通的相邻区域，采取下沉式广场、防火隔间、避难走道和防烟楼梯间等措施
托儿所、幼儿园的儿童用房和儿童游乐厅等其他儿童活动场所	设置层数	不应设置在地下、半地下，宜独立设置
		设在一、二级耐火等级建筑的首层、二层、三层；独立设置时建筑不应超过 3 层
		设在三级耐火等级的建筑的首层、二层；独立设置时建筑不应超过 2 层
		设在四级耐火等级建筑的首层；独立设置时建筑应为单层
	安全出口	设置在高层建筑内时，应设置独立的安全出口和疏散楼梯
		设置在单、多层建筑内时，宜设置单独的安全出口和疏散楼梯
	防火分隔	设置在其他民用建筑内时，采用 2.00 h 的不燃烧体墙和 1.00 h 的楼板，乙级防火门
老年人照料设施	建筑层数、建筑高度或所在楼层位置的高度	宜独立设置；与其他建筑上、下组合时，老年人照料设施宜设置在建筑的下部
		独立建造的一、二级耐火等级，建筑高度不宜大于 32 m，不应大于 54 m
		独立建造的三级耐火等级，不应超过 2 层
		老年人公共活动用房、康复与医疗用房设置在地下、半地下时，应设置在地下一层
	房间要求	老年人公共活动用房、康复与医疗用房设置在地下一层和地上四层及以上，每间用房的建筑面积≤200 m^2 且使用人数≤30 人
	防火分隔	与其他场所进行防火分隔，2.00 h 的不燃烧体墙和 1.00 h 的楼板，乙级防火门

续表

场　所	内　容	要　　求
医院和疗养院住院部分	设置层数	不应设置在地下、半地下
		设在三级耐火等级建筑的首层、二层；独立设置的建筑不应超过 2 层
		设在四级耐火等级建筑的首层；独立设置的建筑应为单层
	防火分隔	相邻护理单元之间应采用 2.00 h 的防火隔墙，乙级防火门分隔，设置在走道上的防火门应为常开防火门
教学建筑、食堂、菜市场	设置层数	小学教学楼的主要教学用房不得设置在 4 层以上
		中学教学楼的主要教学用房不得设置在 5 层以上
		设在三级耐火等级的建筑的首层、二层；独立设置的建筑不应超过 2 层
		设在四级耐火等级建筑的首层；独立设置的建筑应为单层
剧场、电影院、礼堂	设置层数	在地下或半地下时，宜在地下一层，不得在地下三层及以下楼层
		在一、二级耐火等级的建筑内时，观众厅宜布置在首层、二层或三层
		在三级耐火等级的建筑内时，不得布置在三层及以上楼层
		宜设置在独立的建筑内；采用三级耐火等级建筑时，不应超过 2 层
	观众厅	设置在一、二级耐火等级建筑内，在四层及以上楼层时，每个观众厅的建筑面积不宜大于 400 m^2，且一个厅、室的疏散门不少于 2 个
	防火分隔	至少设置 1 个独立的安全出口和疏散楼梯，并采用 2.00 h 的防火隔墙和甲级防火门分隔
	消防设施	设置在高层建筑内时，应设置火灾自动报警系统及自动喷水灭火系统等自动灭火系统
会议厅、多功能厅等人员密集场所	设置层数	布置在一、二级耐火等级建筑内时，宜布置在首层、二层或三层；设置在地下或半地下时，宜设置在地下一层，不应设置在地下三层及以下楼层
		设置在三级耐火等级的建筑内时，不应布置在三层及以上楼层
	面积要求	在一、二级耐火等级建筑内，设置在地下楼层、地上四层及以上楼层时，一个厅、室的疏散门不应少于 2 个，且建筑面积不宜大于 400 m^2
	消防设施	设置在高层建筑内时，应设置火灾自动报警系统和自动喷水灭火系统等自动灭火系统
歌舞娱乐放映游艺场所	设置层数	不应布置在地下二层及以下楼层
		宜布置在一、二级耐火等级建筑物内的首层、二层或三层的靠外墙部位
		不宜布置在袋形走道的两侧或尽端
		在地下一层时，地下一层地面与室外出入口地坪的高差≤10 m

续表

场所	内容	要求
歌舞娱乐放映游艺场所	面积要求	设置在地下或四层及以上楼层时，一个厅、室的建筑面积≤200 m^2
	防火分隔	应采用2.00 h的防火隔墙、1.00 h的不燃性楼板和乙级防火门分隔
除商业服务网点外，住宅建筑与其他使用功能的建筑合建	住宅部分与非住宅部分之间防火分隔	多层建筑：应采用2.00 h无门、窗、洞口的防火隔墙和1.50 h的不燃性楼板完全分隔
		高层建筑：应采用无门、窗、洞口的防火墙和2.00 h的不燃性楼板完全分隔
		建筑外墙上、下层开口之间应设置高度≥1.2 m的实体墙或挑出宽度不小于1.0 m、长度不小于开口宽度的防火挑檐
	安全出口与疏散楼梯	住宅部分与非住宅部分的安全出口和疏散楼梯应分别独立设置；为住宅部分服务的地上车库设置独立的疏散楼梯或安全出口，地下车库的疏散楼梯当与地上部分共用楼梯间时，在首层采用2.00 h的防火隔墙和乙级防火门将地上地下连通部分分隔
	其他要求	住宅部分和非住宅部分的安全疏散、防火分区和室内消防设施配置，可根据各自的建筑高度分别按照有关住宅建筑和公共建筑的规定执行；该建筑的其他防火设计应根据建筑的总高度和建筑规模按有关公共建筑的规定执行
设置商业服务网点的住宅建筑	居住部分与商业服务网点之间防火分隔	应采用2.00 h且无门、窗、洞口的防火隔墙和1.50 h的不燃性楼板完全分隔
		住宅部分和商业服务网点部分的安全出口和疏散楼梯应分别独立设置
	商业服务网点中每个分隔单元之间防火分隔	商业服务网点中每个分隔单元之间应采用2.00 h且无门、窗、洞口的防火隔墙相互分隔
		当每个分隔单元任一层建筑面积>200 m^2 时，该层应设置2个安全出口或疏散门。每个分隔单元内的任一点至最近直通室外的出口的直线距离，不应大于有关公共建筑中多层其他建筑位于袋形走道两侧或尽端的疏散门至最近安全出口的最大直线距离
燃油或燃气锅炉房	设置部位	贴邻民用建筑时，该专用房间（锅炉房）的耐火等级不应低于二级，应采用防火墙分隔，且不应贴邻人员密集场所
		民用建筑内时，不应布置在人员密集场所的上一层、下一层或贴邻
	设置层数	应设置在首层或地下一层的靠外墙部位
		常（负）压燃油或燃气锅炉，可设置在地下二层或屋顶上。设置在屋顶上的常（负）压燃气锅炉，距离通向屋面的安全出口≥6 m
		采用相对密度（与空气密度的比值）不小于0.75的可燃气体为燃料的锅炉，不得设置在地下或半地下

续表

场 所	内 容	要 求
燃油或燃气锅炉房	防火分隔	应采用2.00 h的防火隔墙和1.50 h的不燃性楼板、甲级防火门、窗分隔
	疏散门	应直通室外或安全出口
	储油间	锅炉房内设置的储油间总储存量≤1 m^3，且储油间应采用3.00 h的防火隔墙、甲级防火门与锅炉间分隔
	燃料供给管道	在进入建筑物前和设备间内的管道上均应设置自动和手动切断阀；储油间的油箱密闭且设置通向室外的通气管，通气管设置带阻火器的呼吸阀，油箱的下部设置防止油品流散的设施
	消防设施	应设置火灾报警装置、独立的通风系统和与建筑规模相适应的灭火设施；建筑内其他部位设置自动喷水灭火系统时，其也要相应设置；燃气锅炉房应设置爆炸泄压设施
	储油罐	当设置中间罐时，中间罐的容量≤1 m^3，并应设置在一、二级耐火等级的单独房间时，房间门须为甲级防火门
油浸变压器室	设置部位	贴邻民用建筑时，该专用房间的耐火等级不应低于二级，应采用防火墙分隔，且不应贴邻人员密集场所
		民用建筑内时，不应布置在人员密集场所的上一层、下一层或贴邻
	设置层数	应设置在首层或地下一层的靠外墙部位
	防火分隔	应采用2.00 h的防火隔墙和1.50 h的不燃性楼板、甲级防火门、窗分隔
	疏散门	应直通室外或安全出口
	变压器容量	油浸变压器的总容量≤1 260 kV·A，单台容量≤630 kV·A
	消防设施	油浸变压器、多油开关室、高压电容器室，设置火灾报警装置、防止油品流散的设施和与建筑规模相适应的灭火设施；对于油浸变压器，应设置能储存变压器全部油量的事故储油设施
柴油发电机房	设置层数	不应布置在人员密集场所的上一层、下一层或贴邻
		宜布置在建筑物的首层及地下一、二层
	防火分隔	应采用2.00 h的防火隔墙和1.50 h的不燃性楼板、甲级防火门分隔
	储油间	储油间总储存量≤1 m^3，且储油间应采用3.00 h的防火隔墙、甲级防火门与发电机间分隔

续表

场所	内容	要求
柴油发电机房	燃料供给管道	在进入建筑物前和设备间内的管道上均应设置自动和手动切断阀；储油间的油箱密闭且设置通向室外的通气管，通气管设置带阻火器的呼吸阀，油箱的下部设置防止油品流散的设施
	消防设施	应设置火灾报警装置、与柴油发电机容量和建筑规模相适应的灭火设施，当建筑内其他部位设置自动喷水灭火系统时，机房内应设置自动喷水灭火系统
瓶装液化石油气瓶组间	与所服务建筑的间距	应设置独立的瓶组间
		当总容积≤1 m^3，且采用自然气化方式供气时，瓶组间可贴邻所服务建筑
	消防设施	瓶组间应设置可燃气体浓度报警装置；总出气管道上设置紧急事故自动切断阀
供民用建筑内使用的丙类液体储罐	设置中间罐	中间罐的容量≤1 m^3，并设置在一、二级耐火等级的单独房间内，房间门应采用甲级防火门
消防控制室	设置部位	单独建造，建筑物的耐火等级不应低于二级
		宜设置在建筑物的地下一层或首层的靠外墙部位，远离电磁场干扰较强及其他可能影响消防控制设备工作的设备用房
	防火分隔	采用 2.00 h 的隔墙和 1.50 h 的楼板、乙级防火门与其他部位隔开
	疏散门	直通室外或安全出口
	设施	为避免被淹或进水受到影响，须设置挡水门槛，如设置在地下时，还应设置排水沟等防淹措施
消防水泵房	设置部位	单独建造，建筑物的耐火等级不应低于二级
		不应设置在地下三层及以下或地下室内地面与室外出入口地坪高差 >10 m 的楼层内
	防火分隔	采用 2.00 h 的隔墙和 1.50 h 的楼板、甲级防火门与其他部位隔开
	疏散门	直通室外或安全出口
	设施	为避免被淹或进水受到影响，须设置挡水门槛，如设置在地下时，还应设置排水沟等防淹措施

核心考点 2-3-2　民用建筑防火分隔构件

<table>
<tr><th>分隔构件</th><th colspan="2">分 隔 要 求</th></tr>
<tr><td>防火墙</td><td colspan="2">(1) 防火墙横截面中心线水平距离天窗端面小于 4.0 m，且天窗端面为可燃性墙体时，应采取防止火势蔓延的措施。
(2) 建筑外墙为难燃性或可燃性墙体时，防火墙应凸出墙的外表面 0.4 m 以上，且防火墙两侧的外墙均应为宽度不小于 2.0 m 的不燃性墙体，其耐火极限不应低于外墙的耐火极限。
(3) 建筑外墙为不燃性墙体时，防火墙可不凸出墙的外表面，紧靠防火墙两侧的门、窗、洞口之间最近边缘的水平距离不应小于 2.0 m；采取设置乙级防火窗等防止火灾水平蔓延的措施时，该距离不限。
(4) 建筑内的防火墙不宜设置在转角处，确需设置时，内转角两侧墙上的门、窗、洞口之间最近边缘的水平距离不应小于 4.0 m；采取设置乙级防火窗等防止火灾水平蔓延的措施时，该距离不限。
(5) 防火墙上不应开设门、窗、洞口，确需开设时，应设置不可开启或火灾时能自动关闭的甲级防火门、窗。
(6) 可燃气体和甲、乙、丙类液体的管道严禁穿过防火墙。防火墙内不应设置排气道。
(7) 管道不宜穿过防火墙，确需穿过时，应采用防火封堵材料将墙与管道之间的空隙紧密填实，穿过防火墙处的管道保温材料，应采用不燃材料；当管道为难燃及可燃材料时，应在防火墙两侧的管道上采取防火措施</td></tr>
<tr><td rowspan="2">防火卷帘</td><td colspan="2">(1) 替代防火墙的防火卷帘应满足隔热性和完整性，不满足隔热性时两侧设冷却水幕，水量按火灾持续时间 3 h 计算。
(2) 疏散走道的卷帘应有延时下降功能，两侧均设启闭装置，电动和手动控制。
(3) 需在火灾时自动降落的防火卷帘，应具有信号反馈功能。
(4) 防火防烟密封措施。
(5) 不宜采用侧向卷帘，防火卷帘应具有火灾时靠自重自动关闭功能</td></tr>
<tr><td colspan="2">除中庭外的防火卷帘设置长度要求：
(1) 分隔部位≤30 m，卷帘宽度≤10 m。
(2) 分隔部位宽度>30 m 时，卷帘宽度≤分隔部位宽度的 1/3，且≤20 m</td></tr>
<tr><td rowspan="4">竖井</td><td>名称</td><td>防 火 要 求</td></tr>
<tr><td>电梯井</td><td>(1) 应独立设置。
(2) 井内严禁敷设可燃气体和甲、乙、丙类液体管道，并不应敷设与电梯无关的电缆、电线等。
(3) 井壁除开设电梯门、安全逃生门和通气孔洞外，不应设置其他洞口。
(4) 电梯门耐火极限不应低于 1.00 h</td></tr>
<tr><td>电缆井、管道井、排烟道、排气道</td><td>(1) 应分别独立设置。
(2) 井壁的耐火极限不应低于 1.00 h。
(3) 井壁上的检查门应采用丙级防火门。
(4) 电缆井、管道井应在每层楼板处用不低于楼板耐火极限的不燃材料或防火材料封堵。
(5) 电缆井、管道井与房间、走道等相连通的孔隙，应采用防火封堵材料封堵</td></tr>
<tr><td>垃圾道</td><td>(1) 宜靠外墙独立设置，不宜设在楼梯间内。
(2) 垃圾道排气口应直接开向室外。
(3) 垃圾斗应用不燃材料制作，并应能自动关闭</td></tr>
</table>

4. 指出该建筑在安全疏散方面存在的问题，并提出整改措施。

核心考点 2-4-1　民用建筑安全出口的设置要求

<table>
<tr><th>分类</th><th>场所</th><th>设置要求</th></tr>
<tr><td>一般要求</td><td>—</td><td>(1) 建筑内的安全出口和疏散门应分散布置，且建筑内每个防火分区或一个防火分区的每个楼层、每个住宅单元每层相邻两个安全出口以及每个房间相邻两个疏散门最近边缘之间的水平距离不应小于 5 m。
(2) 建筑的楼梯间宜通至屋面，通向屋面的门或窗应向外开启。
(3) 自动扶梯和电梯不应计作安全疏散设施。
(4) 高层建筑直通室外的安全出口上方，应设置挑出宽度不小于 1.0 m 的防护挑檐</td></tr>
<tr><td rowspan="2">可设 1 个安全出口</td><td>公共建筑</td><td>(1) 除托儿所、幼儿园外，建筑面积≤200 m^2 且人数≤50 人的单层公共建筑或多层公共建筑的首层。
(2) 除医疗建筑，老年人照料设施，托儿所、幼儿园的儿童用房，儿童游乐厅等儿童活动场所和歌舞娱乐放映游艺场所等外，符合下表规定的公共建筑：
<table><tr><th>耐火等级</th><th>最多层数</th><th>每层最大建筑面积/m^2</th><th>人数</th></tr><tr><td>一、二级</td><td>3 层</td><td>200</td><td>第二层和第三层的人数之和不超过 50 人</td></tr><tr><td>三级</td><td>3 层</td><td>200</td><td>第二层和第三层的人数之和不超过 25 人</td></tr><tr><td>四级</td><td>2 层</td><td>200</td><td>第二层人数不超过 15 人</td></tr></table>(3) 除歌舞娱乐放映游艺场所外，防火分区建筑面积≤200 m^2 的地下或半地下设备间、防火分区建筑面积≤50 m^2 且经常停留人数≤15 人的其他地下或半地下建筑（室）。
(4) 设置不少于 2 部疏散楼梯的一、二级耐火等级多层公共建筑，如顶层局部升高，当高出部分的层数不超过 2 层、人数之和不超过 50 人且每层建筑面积不大于 200 m^2 时，高出部分可设置 1 部疏散楼梯，但至少应另外设置 1 个直通建筑主体上人平屋面的安全出口，且上人屋面应符合人员安全疏散的要求。
(5) 一、二级耐火等级公共建筑内的安全出口全部直通室外确有困难的防火分区，可利用通向相邻防火分区的甲级防火门作为安全出口，但应符合下列要求：
① 利用通向相邻防火分区的甲级防火门作为安全出口时，应采用防火墙与相邻防火分区进行分隔；
② 建筑面积>1 000 m^2 的防火分区，直通室外的安全出口不应少于 2 个，建筑面积≤1 000 m^2 的防火分区，直通室外的安全出口不应少于 1 个；
③ 该防火分区通向相邻防火分区的疏散净宽度不应大于计算所需疏散总净宽度的 30%，建筑各层直通室外的安全出口总净宽度不应小于计算所需疏散总净宽度</td></tr>
<tr><td>住宅建筑</td><td>(1) 建筑高度 H≤27 m，每个单元任一层的建筑面积≤650 m^2 且任一套房的户门至安全出口的距离≤15 m。
(2) 27 m<建筑高度 H≤54 m，每个单元任一层的建筑面积≤ 650 m^2 且任一套房的户门至安全出口的距离≤10 m，户门采用乙级防火门，每个单元设置一座通向屋顶的疏散楼梯，单元之间的楼梯通过屋顶连通（不能通至屋面或不能通过屋面连通，应设置两个安全出口）</td></tr>
</table>

核心考点 2-4-2 民用建筑疏散门的设置要求

<table>
<tr><th>分类</th><th>场所</th><th>设 置 要 求</th></tr>
<tr><td>一般要求</td><td>—</td><td>(1) 疏散门应向疏散方向开启，人数不超过 60 人的房间且每樘门的平均疏散人数不超过 30 人时，其门的开启方向不限。
(2) 民用建筑的疏散门应采用平开门，不应采用推拉门、卷帘门、吊门、转门和折叠门。
(3) 人员密集的公共场所、观众厅的入场门、疏散出口不应设置门槛，从门扇开启 90°的门边处内外 1.4 m 范围内不应设置踏步，疏散门应为推闩式外开门</td></tr>
<tr><td>可设 1 个疏散门</td><td>公共建筑</td><td>(1) 歌舞娱乐游艺放映场所房间：建筑面积≤50 m^2 且停留人数≤15 人。
(2) 除歌舞娱乐游艺放映场所外的地下和半地下房间：
<table>
<tr><th colspan="3">地下和半地下房间设置 1 个疏散门的前置条件</th></tr>
<tr><th>房间用途</th><th>建筑面积/m^2</th><th>且停留人数/人</th></tr>
<tr><td>地下和半地下设备间</td><td>≤200</td><td>—</td></tr>
<tr><td>其他地下或半地下房间</td><td>≤50</td><td>≤15</td></tr>
</table>
(3) 其他公共建筑场所房间：
<table>
<tr><th>房间位置</th><th>托儿所、幼儿园、老年人照料设施</th><th>医疗建筑、教学建筑</th><th>其他建筑</th></tr>
<tr><td>位于两个安全出口之间或袋形走道两侧的房间</td><td>建筑面积 $S \leq 50$ m^2</td><td>建筑面积 $S \leq 75$ m^2</td><td>建筑面积 $S \leq 120$ m^2</td></tr>
<tr><td rowspan="2">位于走道尽端的房间</td><td>—</td><td>—</td><td>建筑面积 $S<50$ m^2 且门宽≥0.9 m</td></tr>
<tr><td>—</td><td>—</td><td>建筑面积 $S \leq 200$ m^2 且门宽≥1.4 m 且房内任一点距疏散门的直线距离≤15 m</td></tr>
</table></td></tr>
<tr><td>疏散门数目</td><td>剧场、电影院、礼堂和体育馆的观众厅或多功能厅</td><td>剧场、电影院、礼堂和体育馆的观众厅或多功能厅，其疏散门的数量应经计算确定且不应少于 2 个，并应符合下列规定：
(1) 对于剧场、电影院、礼堂的观众厅或多功能厅，每个疏散门的平均疏散人数不应超过 250 人；当容纳人数超过 2 000 人时，其超过 2 000 人的部分，每个疏散门的平均疏散人数不应超过 400 人。
(2) 对于体育馆的观众厅，每个疏散门的平均疏散人数不宜超过 400～700 人</td></tr>
</table>

核心考点 2-4-3　民用建筑疏散距离

<table>
<tr><th>场所</th><th>分类</th><th colspan="8">疏 散 距 离</th></tr>
<tr><td rowspan="16">公共建筑</td><td rowspan="15">直通疏散走道的房间疏散门至最近安全出口的直线距离</td><td colspan="2" rowspan="3">名 称</td><td colspan="3">位于两个安全出口之间的疏散门的直线距离/m</td><td colspan="3">位于袋形走道两侧或尽端的疏散门的直线距离/m</td></tr>
<tr><td colspan="3">耐火等级</td><td colspan="3">耐火等级</td></tr>
<tr><td>一、二级</td><td>三级</td><td>四级</td><td>一、二级</td><td>三级</td><td>四级</td></tr>
<tr><td colspan="2">托儿所、幼儿园、老年人照料设施</td><td>25</td><td>20</td><td>15</td><td>20</td><td>15</td><td>10</td></tr>
<tr><td colspan="2">歌舞娱乐游艺场所</td><td>25</td><td>20</td><td>15</td><td>9</td><td>—</td><td>—</td></tr>
<tr><td colspan="2">单层或多层医疗建筑</td><td>35</td><td>30</td><td>25</td><td>20</td><td>15</td><td>10</td></tr>
<tr><td rowspan="2">高层医疗建筑</td><td>病房部分</td><td>24</td><td>—</td><td>—</td><td>12</td><td>—</td><td>—</td></tr>
<tr><td>其他部分</td><td>30</td><td>—</td><td>—</td><td>15</td><td>—</td><td>—</td></tr>
<tr><td rowspan="2">教学建筑</td><td>单层或多层</td><td>35</td><td>30</td><td>25</td><td>22</td><td>20</td><td>10</td></tr>
<tr><td>高层</td><td>30</td><td>—</td><td>—</td><td>15</td><td>—</td><td>—</td></tr>
<tr><td colspan="2">高层旅馆、展览建筑</td><td>30</td><td>—</td><td>—</td><td>15</td><td>—</td><td>—</td></tr>
<tr><td rowspan="2">其他建筑</td><td>单层或多层</td><td>40</td><td>35</td><td>25</td><td>22</td><td>20</td><td>15</td></tr>
<tr><td>高层</td><td>40</td><td>—</td><td>—</td><td>20</td><td>—</td><td>—</td></tr>
<tr><td colspan="8">注：(1) 疏散距离+25%：建筑物内全部设置自动喷水灭火系统时，其安全疏散距离可以按规定增加 25%。
(2) 疏散距离+5 m：建筑物内开向敞开式外廊的房间疏散门至最近安全出口的直线距离可按规定增加 5 m。
(3) 疏散距离−5 m 或−2 m：直通疏散走道的户门至最近敞开楼梯间的直线距离，当房间位于两个楼梯之间时，按规定减少 5 m；当房间位于袋形走道两侧或尽端时，应按规定减少 2 m</td></tr>
<tr><td colspan="8"></td></tr>
<tr><td>房间内任一点至房间直通疏散走道的疏散门的直线距离</td><td colspan="8">房间内任一点至房间直通疏散走道的疏散门的直线距离不应大于公共建筑规定的袋形走道两侧或尽端的疏散门至最近安全出口的直线距离。
注：建筑物内全部设自动喷水灭火系统时，安全疏散距离按规定增加 25%</td></tr>
</table>

续表

<table>
<tr><th>场所</th><th>分类</th><th>疏散距离</th></tr>
<tr><td rowspan="2">公共建筑</td><td>扩大的封闭楼梯间或防烟楼梯间前室</td><td>楼梯间应在首层直通室外，或在首层采用扩大的封闭楼梯间或防烟楼梯间前室。当层数不超过 4 层且未采用扩大的封闭楼梯间或防烟楼梯间前室时，可将直通室外的门设置在离楼梯间不大于 15 m 处</td></tr>
<tr><td>观众厅、展览厅、多功能厅、餐厅、营业厅的疏散距离</td><td>一、二级耐火等级建筑内疏散门或安全出口不少于 2 个的观众厅、展览厅、多功能厅、餐厅、营业厅等：
（1）其室内任一点至最近疏散门或安全出口的直线距离不应大于 30 m。
（2）当疏散门不能直通室外地面或疏散楼梯间时，应采用长度不大于 10 m 的疏散走道通至最近的安全出口。
（3）当该场所设置自动喷水灭火系统时，室内任一点至最近安全出口的安全疏散距离可分别增加 25%</td></tr>
<tr><td rowspan="3">住宅建筑</td><td>直通疏散走道的户门至最近安全出口的直线距离</td><td>
<table>
<tr><th rowspan="2">住宅建筑类别</th><th colspan="3">位于两个安全出口之间的户门</th><th colspan="3">位于袋形走道两侧或尽端的户门</th></tr>
<tr><th>一、二级</th><th>三级</th><th>四级</th><th>一、二级</th><th>三级</th><th>四级</th></tr>
<tr><td>单、多层</td><td>40 m</td><td>35 m</td><td>25 m</td><td>22 m</td><td>20 m</td><td>15 m</td></tr>
<tr><td>高层</td><td>40 m</td><td>—</td><td>—</td><td>20 m</td><td>—</td><td>—</td></tr>
</table>
注：（1）疏散距离+25%：建筑物内全部设置自动喷水灭火系统时，其安全疏散距离可以按规定增加 25%。
（2）疏散距离+5 m：建筑物内开向敞开式外廊的房间疏散门至最近安全出口的直线距离可按规定增加 5 m。
（3）疏散距离-5 m 或-2 m：直通疏散走道的户门至最近敞开楼梯间的直线距离，当房间位于两个楼梯之间时，按规定减少 5 m；当房间位于袋形走道两侧或尽端时，应按规定减少 2 m</td></tr>
<tr><td>户内任一点至直通疏散走道的户门的直线距离</td><td>户内任一点至直通疏散走道的户门的直线距离不应大于住宅建筑规定的袋形走道两侧或尽端的疏散门至最近安全出口的最大直线距离。
注：建筑物内全部设自动喷水灭火系统时，安全疏散距离按规定增加 25%</td></tr>
<tr><td>扩大的封闭楼梯间或防烟楼梯间前室</td><td>楼梯间应在首层直通室外，或在首层采用扩大的封闭楼梯间或防烟楼梯间前室。层数不超过 4 层时，可将直通室外的门设置在离楼梯间不大于 15 m 处</td></tr>
</table>

核心考点 2-4-4　民用建筑疏散宽度

内容	参数要求

百人宽度指标

（1）电影院、礼堂、剧场：

观众厅座位数/座			≤2 500	≤1 200
耐火等级			一、二级	三级
疏散部位	门和走道	平坡地面/m	0.65	0.85
		阶梯地面/m	0.75	1.00
	楼梯/m		0.75	1.00

（2）体育馆：

观众厅座位数范围/座			3 000~5 000	5 001~10 000	10 001~20 000
疏散部位	门和走道	平坡地面/m	0.43	0.37	0.32
		阶梯地面/m	0.50	0.43	0.37
	楼梯/m		0.50	0.43	0.37

注：本表中对应较大座位数范围按规定计算的疏散总净宽度，不应小于对应相邻较小座位数范围按其最多座位数计算的疏散总净宽度。

（3）除剧场、电影院、礼堂、体育馆外的其他公共建筑：

建筑层数		耐火等级		
		一、二级	三级	四级
地上楼层	1~2 层	0.65 m	0.75 m	1.00 m
	3 层	0.75 m	1.00 m	—
	≥4 层	1.00 m	1.25 m	—
地下楼层	与地面出入口地面的高差 $\Delta H \leq 10$ m	0.75 m	—	—
	与地面出入口地面的高差 $\Delta H > 10$ m	1.00 m	—	—

注：地下、半地下场所。地下或半地下人员密集的厅、室和歌舞娱乐游艺放映场所：1 m/百人。

人员密度

（1）办公建筑：普通办公室和手工绘图室 6 m^2/人；研究工作室 7 m^2/人；中小会议室中有会议桌 2 m^2/人，无会议桌 1 m^2/人；无法确定人数的部分 9 m^2/人。

（2）商场：根据楼层位置确定（见下表），对于建材商店、家具和灯饰展示建筑，其人员密度可按规定值的30%确定。

楼层位置	地下第二层	地下第一层	地上第一、二层	地上第三层	地上第四层及以上各层
人员密度/（人/m^2）	0.56	0.60	0.43~0.60	0.39~0.54	0.30~0.42

（3）歌舞娱乐游艺放映场所：录像厅 1 人/m^2；其他 0.5 人/m^2。

（4）有固定座位的场所：实际座位数的 1.1 倍（除剧场、电影院、礼堂、体育馆外）。

（5）展览厅：0.75 人/m^2

最小净宽度

（1）高层公共建筑：

建筑类别	楼梯间的首层疏散门、首层疏散外门/m	走道/m		疏散楼梯/m
		单面布房	双面布房	
高层医疗建筑	1.30	1.40	1.50	1.30
其他高层公共建筑	1.20	1.30	1.40	1.20

（2）人员密集的公共场所、观众厅：疏散门不应设置门槛，其净宽度不应小于 1.40 m，且紧靠门口内外各 1.40 m 范围内不应设置踏步。室外疏散通道的净宽度不应小于 3.00 m，并

续表

内容	参 数 要 求
最小净宽度	应直接通向宽敞地带。 (3) 其他公共建筑：内疏散门和安全出口的净宽度不应小于 0.90 m，疏散走道和疏散楼梯的净宽度不应小于 1.10 m
宽度计算方法	(1) 地上建筑内下层楼梯的总宽度按本层及以上各楼层人数最多的一层人数计算，地下建筑中上层楼梯的总宽度应按该层及其下层人数最多一层的人数计算。 (2) 首层外门的总净宽度应按该建筑疏散人数最多一层的人数计算确定，不供其他楼层人员疏散的外门，可按本层的疏散人数计算确定。
疏散宽度取值	计算宽度=百人宽度指标×人数/100；疏散宽度≥max（计算宽度，最小净宽度）

5. 指出该建筑内部装修与外墙保温防火方面存在的问题，并提出整改措施。

核心考点 2-5-1　民用建筑的内部装修

分类	内容	内部装修材料的要求
特别场所的内部装修防火要求	疏散走道和安全出口	(1) 疏散走道和安全出口的顶棚、墙面不应采用影响人员安全疏散的镜面反光材料。 (2) 地上建筑的水平疏散走道和安全出口的门厅，其顶棚应采用 A 级装修材料，其他部位应采用不低于 B1 级的装修材料。 (3) 地下民用建筑的疏散走道和安全出口的门厅，其顶棚、墙面和地面均应采用 A 级装修材料
	疏散楼梯间和前室	疏散楼梯间和前室的顶棚、墙面和地面均应采用 A 级装修材料
	中庭、走马廊、开敞楼梯、自动扶梯	建筑物内设有上下层相连通的中庭、走马廊、开敞楼梯、自动扶梯时，其连通部位的顶棚、墙面应采用 A 级装修材料，其他部位应采用不低于 B1 级的装修材料
	无窗房间	内部装修材料的燃烧性能等级除 A 级外，应在规定的基础上提高一级
	设备用房	消防水泵房、机械加压送风排烟机房、固定灭火系统钢瓶间、配电室、变压器室、发电机房、储油间、通风和空调机房等，其内部所有装修均应采用 A 级装修材料
	消防控制室	消防控制室等重要房间，其顶棚和墙面应采用 A 级装修材料，地面及其他装修应采用不低于 B1 级的装修材料
	厨房	建筑物内的厨房，其顶棚、墙面、地面均应采用 A 级装修材料
	经常使用明火器具的餐厅、科研实验室	经常使用明火器具的餐厅、科研实验室，其装修材料的燃烧性能等级除 A 级外，应在本表规定的基础上提高一级
	库房或贮藏间	民用建筑内的库房或贮藏间，其内部所有装修除应符合相应场所规定外，且应采用不低于 B1 级的装修材料

续表

<table>
<tr><th>分类</th><th>内容</th><th>内部装修材料的要求</th></tr>
<tr><td rowspan="6">特别场所的内部装修防火要求</td><td>展览性场所</td><td>（1）展台材料应采用不低于 B1 级的装修材料。
（2）在展厅设置电加热设备的餐饮操作区内，与电加热设备贴邻的墙面、操作台均应采用 A 级装修材料。
（3）展台与卤钨灯等高温照明灯具贴邻部位的材料应采用 A 级装修材料</td></tr>
<tr><td>住宅建筑</td><td>（1）不应改动住宅内部烟道、风道。
（2）厨房内的固定橱柜宜采用不低于 B1 级的装修材料。
（3）卫生间顶棚宜采用 A 级装修材料。
（4）阳台装修宜采用不低于 B1 级的装修材料</td></tr>
<tr><td>照明灯具及电气设备、线路</td><td>照明灯具及电气设备、线路的高温部位，当靠近非 A 级装修材料或构件时，应采取隔热、散热等防火保护措施，与窗帘、帷幕、幕布、软包等装修材料的距离不应小于 500 mm；灯饰应采用不低于 B1 级的材料</td></tr>
<tr><td>配电箱、控制面板、接线盒、开关、插座等</td><td>（1）建筑内部的配电箱、控制面板、接线盒、开关、插座等不应直接安装在低于 B1 级的装修材料上。
（2）用于顶棚和墙面装修的木质类板材，当内部含有电器、电线等物体时，应采用不低于 B1 级的材料</td></tr>
<tr><td>室内安装供暖系统</td><td>（1）当室内顶棚、墙面、地面和隔断装修材料内部安装电加热供暖系统时，室内采用的装修材料和绝热材料的燃烧性能等级应为 A 级。
（2）当室内顶棚、墙面、地面和隔断装修材料内部安装水暖（或蒸汽）供暖系统时，其顶棚采用的装修材料和绝热材料的燃烧性能应为 A 级，其他部位的装修材料和绝热材料的燃烧性能不应低于 B1 级，且尚应符合《建筑内部装修设计防火规范》有关公共场所的规定</td></tr>
<tr><td>其他</td><td>建筑内部不宜设置采用 B3 级装饰材料制成的壁挂、布艺等，当需要设置时，不应靠近电气线路、火源或热源，或采取隔离措施</td></tr>
<tr><td>单层、多层民用建筑装修防火</td><td>一般要求</td><td><table>
<tr><th>场所</th><th>顶棚</th><th>墙面</th><th>地面</th></tr>
<tr><td>候机楼公共场所；建筑面积 $S>10\ 000\ m^2$ 的汽车、火车、轮船的公共场所；每个厅室建筑面积 $S>400\ m^2$ 的观众厅、会议厅、多功能厅、等候厅；座位数>3 000 个的体育馆；养老院、托儿所、幼儿园居住及活动场所；医院的病房区、诊疗区、手术室；存放文物、纪念展览物品、重要图书、档案、资料的场所；A、B 级电子信息机房及装有重要机器的房间</td><td>A</td><td>A</td><td>B1</td></tr>
</table></td></tr>
</table>

续表

<table>
<tr><th>分类</th><th>内容</th><th colspan="4">内部装修材料的要求</th></tr>
<tr><td rowspan="4">单层、多层民用建筑装修防火</td><td rowspan="3">一般要求</td><td>商店营业厅；设置集中空气调节系统的宾馆、饭店客房及公共活动房；展览馆、博物馆、图书馆、档案馆的公共活动场所；歌舞娱乐游艺场所；设置集中空气调节系统的办公场所；建筑面积 $S\leq10\ 000\ m^2$ 的汽车、火车、轮船的公共场所；每厅室建筑面积 $S\leq400\ m^2$ 观众厅、会议厅、多功能厅、等候厅；座位数≤3 000 个的体育馆；营业面积 $>100\ m^2$ 的餐饮场所</td><td>A</td><td>B1</td><td>B1</td></tr>
<tr><td>教学场所、教学实验场所</td><td>A</td><td>B1</td><td>B2</td></tr>
<tr><td>住宅；营业面积 $\leq100\ m^2$ 的餐饮场所</td><td>B1</td><td>B1</td><td>B1</td></tr>
<tr><td>特殊放宽条件</td><td colspan="4">除① 特别场所要求规定；② 存放文物、纪念展览物品、重要图书、档案、资料的场所的部位；③ 歌舞娱乐游艺场所；④ A、B 级电子信息机房及装有重要机器的房间等场所外，单、多层满足下列条件的内装修可以放宽：
(1) 可以因特殊要求无法设置自动报警、自动灭火系统时，面积 $<100\ m^2$，且采用 2.00 h 隔墙和甲级防火门、窗与其他部位分隔的房间，内部装修材料的燃烧性能等级在前表的基础上降低一级。
(2) 当装有自动灭火系统时，除顶棚外，其内部装修材料的燃烧性能等级可在前表的基础上降低一级。
(3) 当同时装有火灾自动报警装置和自动灭火系统时，其装修材料的燃烧性能等级可在前表基础上降低一级</td></tr>
<tr><td rowspan="4">高层民用建筑装修防火</td><td rowspan="4">一般要求</td><td>场所</td><td>顶棚</td><td>墙面</td><td>地面</td></tr>
<tr><td>候机楼公共场所；建筑面积 $S>10\ 000\ m^2$ 的汽车、火车、轮船的公共场所；每个厅室建筑面积 $S>400\ m^2$ 的观众厅、会议厅、多功能厅、等候厅；养老院、托儿所、幼儿园居住及活动场所；医院的病房区、诊疗区、手术室；存放文物、纪念展览物品、重要图书、档案、资料的场所；A、B 级电子信息机房及装有重要机器的房间；一类高层的电信楼、财贸金融楼、邮政楼、广播电视楼、电力调度楼、防灾指挥调度楼</td><td>A</td><td>A</td><td>B1</td></tr>
<tr><td>商店营业厅；展览馆、博物馆、图书馆、档案馆的公共活动场所；歌舞娱乐游艺场所；办公场所；建筑面积 $S\leq10\ 000\ m^2$ 的汽车、火车、轮船的公共场所；每厅室建筑面积 $S\leq400\ m^2$ 观众厅、会议厅、多功能厅、等候厅；宾馆、饭店客房及公共活动房；餐饮场所；其他公共场所；住宅建筑</td><td>A</td><td>B1</td><td>B1</td></tr>
<tr><td>二类高层的电信楼、财贸金融楼、邮政楼、广播电视楼、电力调度楼、防灾指挥调度楼；教学场所、教学实验场所</td><td>A</td><td>B1</td><td>B2</td></tr>
</table>

续表

<table>
<tr><th>分类</th><th>内容</th><th colspan="4">内部装修材料的要求</th></tr>
<tr><td>高层民用建筑装修防火</td><td>特殊放宽条件</td><td colspan="4">(1) 除① 特别场所要求规定；② 存放文物、纪念展览物品、重要图书、档案、资料的场所的部位；③ 歌舞娱乐游艺场所；④ A、B 级电子信息机房及装有重要机器的房间等场所外，满足下列条件的高层民用建筑内装修可以放宽：
① 高层民用建筑的裙房内面积 $S<500\ m^2$ 的房间，当设有自动灭火系统，并且采用耐火等级不低于 2.00 h 的隔墙、甲级防火门、窗与其他部位分隔时，顶棚、墙面、地面装修材料的燃烧性能等级可在前表的基础上降低一级；
② 当设有火灾自动报警装置和自动灭火系统时，除顶棚外，其内部装修材料的燃烧性能等级可在前表的基础上降低一级（除每个厅室建筑面积 $S>400\ m^2$ 的观众厅、会议厅、多功能厅、等候厅和建筑高度 $H>100$ m 以上的高层民用建筑外）。
(2) 电视塔等特殊高层建筑的内部装修，装饰织物应采用不低于 B1 级的材料，其他均应采用 A 级装修材料</td></tr>
<tr><td rowspan="5">地下民用建筑装修防火</td><td rowspan="4">一般要求</td><td>场所</td><td>顶棚</td><td>墙面</td><td>地面</td></tr>
<tr><td>医院的诊疗区、手术区；展览馆、博物馆、图书馆、档案馆的公共活动场所；歌舞娱乐游艺场所；A、B 级电子信息机房及装有重要机器的房间；汽车库、修车库</td><td>A</td><td>A</td><td>B1</td></tr>
<tr><td>观众厅、会议厅、多功能厅、等候厅；商店营业厅；存放文物、纪念展览物品、重要图书、档案、资料的场所；餐饮场所</td><td>A</td><td>A</td><td>A</td></tr>
<tr><td>宾馆、饭店客房及公共活动房；办公场所；其他公共场所</td><td>A</td><td>B1</td><td>B1</td></tr>
<tr><td>特殊放宽条件</td><td colspan="4">除① 特别场所要求规定；② 存放文物、纪念展览物品、重要图书、档案、资料的场所的部位；③ 歌舞娱乐游艺场所；④ A、B 级电子信息机房及装有重要机器的房间等场所外，单独建造的地下民用建筑的地上部分，其门厅、休息室、办公室等内部装修材料的燃烧性能等级可在前表的基础上降低一级</td></tr>
</table>

核心考点 2-5-2 民用建筑的外墙保温与装饰

<table>
<tr><th>内　容</th><th>防火要求</th></tr>
<tr><td>建筑外墙保温材料</td><td>(1) 不燃材料 A：矿棉、岩棉。
(2) 难燃材料 B1：胶粉聚苯颗粒保温浆料。
(3) 可燃材料 B2：聚苯乙烯泡沫塑料（如 EPS 和 XPS）</td></tr>
</table>

续表

<table>
<tr><th colspan="2">内 容</th><th>防 火 要 求</th></tr>
<tr><td colspan="2">保温材料与两侧墙体构成无空腔复合保温结构体</td><td>建筑外墙采用保温材料与两侧墙体构成无空腔复合保温结构体时，当保温材料的燃烧性能为 B1、B2 级时，保温材料两侧的墙体应采用不燃材料且厚度均≥50 mm</td></tr>
<tr><td rowspan="2">建筑外墙内保温系统</td><td>材料燃烧性能</td><td>（1）对于人员密集场所，用火、燃油、燃气等具有火灾危险性的场所以及各类建筑内的疏散楼梯间、避难走道、避难间、避难层等场所或部位，应采用 A 级的保温材料。
（2）对于其他场所，应采用低烟、低毒且不低于 B1 级的保温材料</td></tr>
<tr><td>防护层的设置</td><td>保温系统应采用 A 级材料作防护层。采用 B1 级的保温材料时，防护层厚度≥10 mm</td></tr>
<tr><td rowspan="4">建筑外墙外保温系统</td><td>材料燃烧性能</td><td>（1）设置人员密集场所的建筑，其外墙外保温材料应为 A 级。
（2）下列老年人照料设施的内、外墙体和屋面保温材料应采用 A 级的保温材料：
① 独立建造的老年人照料设施；
② 与其他建筑组合建造且老年人照料设施部分的总建筑面积大于 500 m^2的老年人照料设施</td></tr>
<tr><td>防护层的设置</td><td>（1）建筑的外墙外保温系统应采用不燃材料在其表面设置防护层，防护层应将保温材料完全包覆。采用 B1、B2 级保温材料时，防护层厚度首层≥15 mm，其他层≥5 mm。
（2）屋面外保温系统：屋面耐火极限≥1.0 h，保温材料≥B2；屋面耐火极限<1.0 h，保温材料≥B1。采用 B1、B2 级保温材料应采用不燃材料作防护层，防护层厚度≥10 mm</td></tr>
<tr><td>防火隔离带的设置</td><td>（1）当建筑的外墙外保温系统采用燃烧性能为 B1、B2 级的保温材料时，每层沿楼板位置设置不燃材料制作的水平防火隔离带，隔离带的设置高度≥300 mm。
（2）当建筑的屋面和外墙外保温系统均采用 B1、B2 级保温材料时，外墙和屋面分隔处防火隔离带宽度≥500 mm</td></tr>
<tr><td>无空腔的外保温系统</td><td><table>
<tr><th>建筑及场所</th><th>建筑高度 H/m</th><th>无空腔的外保温材料燃烧性能</th></tr>
<tr><td>人员密集场所</td><td>—</td><td>A</td></tr>
<tr><td rowspan="3">住宅建筑</td><td>$H>100$</td><td>A</td></tr>
<tr><td>$27<H\leqslant 100$</td><td>≥B1</td></tr>
<tr><td>$H\leqslant 27$</td><td>≥B2</td></tr>
<tr><td rowspan="3">其他建筑</td><td>$H>50$</td><td>A</td></tr>
<tr><td>$24<H\leqslant 50$</td><td>≥B1</td></tr>
<tr><td>$H\leqslant 24$</td><td>≥B2</td></tr>
</table></td></tr>
</table>

续表

<table>
<tr><th colspan="2">内　　容</th><th colspan="3">防 火 要 求</th></tr>
<tr><td rowspan="6">建筑外墙
外保温系统</td><td rowspan="5">有空腔的
外保温系统</td><td>建筑及场所</td><td>建筑高度 H/m</td><td>有空腔的外保温材料燃烧性能</td></tr>
<tr><td>人员密集场所</td><td>—</td><td>A</td></tr>
<tr><td rowspan="2">其他建筑</td><td>$H>24$</td><td>A</td></tr>
<tr><td>$H\leqslant 24$</td><td>≥B1</td></tr>
<tr><td colspan="3">注：建筑外墙外保温系统与基层墙体、装饰层之间的空腔，应在每层楼板处采用防火封堵材料封堵</td></tr>
<tr><td>门、窗的耐火完整性</td><td colspan="3">当建筑的外墙外保温系统采用燃烧性能为 B1、B2 级的保温材料时，除采用 B1 级保温材料且建筑高度 $H\leqslant 24$ m 的公共建筑或采用 B1 级保温材料且建筑高度 $H\leqslant 27$ m 的住宅建筑外，建筑外墙上门、窗的耐火完整性不应低于 0.50 h</td></tr>
<tr><td>外墙装饰</td><td colspan="4">建筑外墙的装饰层应采用燃烧性能为 A 级的材料，但建筑高度不大于 50 m 时，可采用 B1 级材料</td></tr>
</table>

6. 指出该建筑地下车库的建筑防火设计存在的问题，并提出整改措施。

核心考点 2-6-1　地下车库的平面布局

<table>
<tr><th>内容</th><th>要　　求</th></tr>
<tr><td rowspan="3">建造方式</td><td>汽车库不应与托儿所、幼儿园、老年人建筑，中小学学校的教学楼，病房楼等组合建造。当符合下列要求时，汽车库可设置在托儿所、幼儿园、老年人建筑，中小学学校的教学楼，病房楼等的地下部分：
（1）汽车库与托儿所、幼儿园、老年人建筑，中小学学校的教学楼，病房楼等建筑之间，应采用耐火极限不低于 2.00 h 的楼板完全分隔。
（2）汽车库与托儿所、幼儿园、老年人建筑，中小学学校的教学楼，病房楼等的安全出口和疏散楼梯应分别独立设置</td></tr>
<tr><td>Ⅰ类修车库应单独建造；Ⅱ、Ⅲ、Ⅳ类修车库可设置在一、二级耐火等级建筑的首层或与其贴邻，但不得与甲、乙类厂房、仓库、明火作业的车间或托儿所、幼儿园、中小学学校的教学楼、老年人建筑、病房楼及人员密集场所组合建造或贴邻</td></tr>
<tr><td>为汽车库、修车库服务的下列附属建筑，可与汽车库、修车库贴邻，但应采用防火墙隔开，并应设置直通室外的安全出口：
（1）甲类物品库房贮存量≤1.0 t。
（2）乙炔发生器间总安装容量≤5.0 m^3/h，乙炔气瓶库贮存量≤5 个标准钢瓶。
（3）非封闭喷漆间≤1 个车位、封闭喷漆间≤2 个车位。
（4）充电间和其他甲类生产场所的建筑面积≤200 m^2</td></tr>
</table>

续表

<table>
<tr><th>内容</th><th>要　　求</th></tr>
<tr><td rowspan="3">不应设置</td><td>地下、半地下汽车库内不应设置修理车位、喷漆间、充电间、乙炔间和甲、乙类物品库房</td></tr>
<tr><td>汽车库和修车库内不应设置汽油罐、加油机、液化石油气或液化天然气储罐、加气机</td></tr>
<tr><td>汽车库、修车库内不应设置燃油或燃气锅炉、油浸变压器、充有可燃油的高压电容器和多油开关等</td></tr>
</table>

核心考点 2-6-2　汽车库的防火分区与分隔

<table>
<tr><th colspan="2">内容</th><th>要　　求</th></tr>
<tr><td rowspan="2">防火分区</td><td>一般要求</td><td><table><tr><td>耐火等级</td><td>单层汽车库</td><td>多层、半地下汽车库</td><td>地下、高层汽车库</td></tr><tr><td>一、二级</td><td>3 000 m^2</td><td>2 500 m^2</td><td>2 000 m^2</td></tr><tr><td>三级</td><td>1 000 m^2</td><td>不允许</td><td>不允许</td></tr></table></td></tr>
<tr><td>特殊要求</td><td>(1) 敞开式、错层式、斜楼板式汽车库的上下连通层面积应叠加计算，每个防火分区的最大允许建筑面积不应大于规定值的 2.0 倍。
(2) 室内有车道且有人员停留的机械式汽车库，其防火分区最大允许建筑面积减少 35%。
(3) 汽车库内设有自动灭火系统时，其防火分区的最大允许建筑面积不应大于规定值的 2.0 倍。
(4) 甲、乙类物品运输车的汽车库、修车库的防火分区≤500 m^2。
(5) 修车库防火分区≤2 000 m^2，当修车部位与相邻使用有机溶剂的清洗和喷漆工段采用防火墙分隔时，防火分区≤4 000 m^2</td></tr>
<tr><td colspan="2" rowspan="2">防火分隔</td><td>室内无车道且无人员停留的机械式汽车库，应符合下列规定：
(1) 当停车数量>100 辆时，应采用防火墙分隔为多个停车数量≤100 辆的区域，但当采用防火隔墙和 1.00 h 不燃性楼板分隔成多个停车单元，且停车单元内的停车数量≤3 辆时，应分隔为停车数量≤300 辆的区域。
(2) 汽车库内应设置火灾自动报警系统和自动喷水灭火系统，自动喷水灭火系统应选用快速响应喷头。
(3) 楼梯间及停车区的检修通道上应设置室内消火栓。
(4) 汽车库内应设置排烟设施，排烟口应设置在运输车辆的通道顶部</td></tr>
<tr><td>汽车库、修车库与其他建筑合建时：
① 当贴邻建造时，应采用防火墙隔开；
② 设在建筑物内的汽车库（包括屋顶停车场）、修车库与其他部位之间，应采用防火墙和 2.00 h 楼板分隔；
③ 与住宅地下室相连通的地下汽车库，人员疏散可借用住宅部分的疏散楼梯，当不能直接进入住宅部分的疏散楼梯间时，应在地下汽车库与住宅部分的疏散楼梯之间设置连通走道，走道应采用防火隔墙分隔，开向该走道的门均应采用甲级防火门</td></tr>
</table>

续表

内容	要　　求
防火分隔	汽车库内设置修理车位，停车部位与修车部位之间应采用防火墙和 2.00 h 楼板分隔。修车库内使用有机溶剂清洗和喷漆的工段，当超过 3 个车位时，均应采用防火隔墙等分隔措施
	附设在汽车库、修车库内的消防控制室、自动灭火系统的设备室、消防水泵房和排烟、通风与空气调节机房等，应采用防火隔墙和 1.50 h 楼板分隔

核心考点 2-6-3　汽车库安全疏散

内容		要　　求
人员安全出口	1 个出口	（1）Ⅳ类汽车库。 （2）Ⅲ、Ⅳ类修车库
	疏散楼梯	防烟楼梯间：建筑高度>32 m 的高层汽车库、室内地面与室外出入口地坪的高差>10 m 的地下汽车库（其他汽车库、修车库应采用封闭楼梯间）。楼梯间和前室的门应采用向疏散方向开启的乙级防火门。疏散楼梯的宽度≥1.1 m
		室内无车道且无人员停留的机械式汽车库可不设置人员安全出口，每个停车区域当停车数量>100 辆时，应至少设置 1 个供灭火救援用的楼梯间；楼梯间与停车区域采用防火隔墙分隔，乙级防火门，楼梯的净宽≥0.9 m
	疏散距离	汽车库室内任一点至最近人员安全出口的疏散距离≤45 m，当设置自动灭火系统时，其距离≤60 m
		对于单层或设置在建筑首层的汽车库，室内任一点至室外出口的距离≤60 m
汽车疏散出口	1 个出口	（1）Ⅳ类汽车库。 （2）设置双车道汽车疏散出口的Ⅲ类地上汽车库。 （3）设置双车道汽车疏散出口、停车数量≤100 辆且建筑面积<4 000 m^2 的地下或半地下汽车库。 （4）Ⅱ、Ⅲ、Ⅳ类修车库。 （5）停车数量≤50 辆的停车场
	1 个坡道	Ⅰ、Ⅱ类地上汽车库和停车数量>100 辆的地下、半地下汽车库，当采用错层或斜楼板式且车道、坡道为双车道且设置自喷系统时，其首层或地下一层至室外的汽车疏散出口不应少于 2 个，汽车库内其他楼层的汽车疏散坡道可设置 1 个
	疏散宽度	汽车疏散坡道的净宽度，单车道不应小于 3.0 m；双车道不应小于 5.5 m
	汽车专用升降机	Ⅳ类汽车库设置汽车坡道有困难时，可采用汽车专用升降机作汽车疏散出口，升降机的数量不应少于 2 台，停车数量少于 25 辆时，可设置 1 台
	安全出口距离	除室内无车道且无人员停留的机械式汽车库外，相邻两个汽车疏散出口之间的水平距离不应小于 10 m；毗邻设置的两个汽车坡道应采用防火隔墙隔开

核心考点 2-6-4　汽车库消防设施

消防设施	内　容	要　　求
消防给水系统	可不设消防给水系统	(1) 耐火等级为一、二级的Ⅳ类修车库。 (2) 停放车辆≤5 辆的一、二级耐火等级的汽车库
	技术参数	(1) 当采用高压或临时高压给水系统，充实水柱≥10 m。 (2) 当采用低压给水系统，最不利点消火栓的水压≥0.1 MPa
	屋顶消防水箱	设置临时高压消防给水系统的汽车库、修车库，应设置屋顶消防水箱，其容量不应小于 12 m^3
	火灾延续时间	火灾延续时间应按 2.00 h 计算，但自动喷水灭火系统可按 1.00 h 计算，泡沫灭火系统可按 0.50 h 计算
室内外消火栓	室外消火栓用水量	Ⅰ、Ⅱ类 20 L/s；Ⅲ类 15 L/s；Ⅳ类 10 L/s
	室内消火栓用水量	Ⅰ、Ⅱ、Ⅲ类汽车库及Ⅰ、Ⅱ类修车库 10 L/s；Ⅳ类汽车库及Ⅲ、Ⅳ类修车库 5 L/s
	室内消火栓间距	同层相邻间距 50 m；高层、地下、半地下汽车库间距 30 m
自喷系统	设置范围	(1) Ⅰ、Ⅱ、Ⅲ类地上汽车库。 (2) 停车数>10 辆的地下、半地下汽车库。 (3) 机械式汽车库。 (4) 采用汽车专用升降机作汽车疏散出口的汽车库。 (5) Ⅰ类修车库
	喷头	快速响应喷头
泡沫系统	设置范围	(1) Ⅰ类地下、半地下汽车库。 (2) Ⅰ类修车库。 (3) 停车数>100 辆的室内无车道且无人员停留的机械式汽车库
气体灭火系统	二氧化碳气体灭火系统设置范围	停车数量≤50 辆的室内无车道且无人员停留的机械式汽车库
火灾自动报警系统	设置范围	(1) Ⅰ类汽车库、修车库。 (2) Ⅱ类地下、半地下汽车库、修车库。 (3) Ⅱ类高层汽车库、修车库。 (4) 机械式汽车库。 (5) 采用汽车专用升降机作汽车疏散出口的汽车库
防排烟系统	可不设防排烟范围	(1) 敞开式汽车库。 (2) 建筑面积<1 000 m^2 的地下一层汽车库和修车库
	防烟分区	2 000 m^2
应急照明和疏散指示标志	可不设置的场所	(1) 汽车库≤50 辆。 (2) 室内无车道且无人员停留的机械式汽车库

7. 指出该建筑人防工程的建筑防火设计存在的问题，并提出整改措施。

核心考点 2-7-1　人防工程平面布置与分隔措施

场所	内容	要　求
人防工程内	不允许设置的场所或设施	不得使用和储存液化石油气、相对密度大于或等于 0.75 的可燃气体
		不应设置甲、乙类液体燃料
		不应设置油浸电力变压器和其他油浸电气设备
		不应设置儿童活动场所和残障人士活动场所
地下商店	设置层数	地下商店营业厅不得设置在地下三层及以下
	商品种类	营业厅经营和储存商品的火灾危险性不得为甲、乙类
歌舞娱乐放映游艺场所	防火分隔	厅室面积≤200 m^2；分隔：2.00 h 隔墙、1.50 h 楼板、乙级防火门
	设置部位	不得布置在地下二层及以下层。当设置在地下一层时，室内地面与室外出入口地坪的高差≤10 m
电影院、礼堂	防火分隔	电影院、礼堂的观众厅与舞台之间的墙：2.50 h；电影院放映室（卷片室）的隔墙：1.00 h
医院病房	设置部位	不得设置在地下二层及以下层。当设置在地下一层时，室内地面与室外出入口地坪的高差≤10 m
消防控制室	设置部位	设置在地下一层，并邻近直接通向地面的安全出口。当地面建筑设有消防控制室时，可与地面建筑消防控制室合用
	防火分隔	消防控制室、消防水泵房、排烟机房、灭火剂储瓶室，变配电室、通信机房、通风和空调机房、可燃物存放量平均值超过 30 kg/m^2 火灾荷载密度的房间等：2 h 隔墙、1.5 h 楼板、常闭甲级防火门
柴油发电机房	防火分隔	储油间墙上应设置常闭甲级防火门，并设置高 150 mm 的不燃烧、不渗漏的门槛，地面不得设置地漏
厨房、食品加工厂等	防火分隔	同一防火分区内厨房、食品加工厂等用火用电用气场所：2.0 h 隔墙、1.5 h 楼板、乙级防火门

核心考点 2-7-2　人防工程安全疏散

<table>
<tr><th>内容</th><th colspan="2">要　求</th></tr>
<tr><td rowspan="2">疏散楼梯间</td><td>防烟楼梯间</td><td>地下层数≥3 层或底层高差>10 m</td></tr>
<tr><td>封闭楼梯间</td><td>地下层数≤2 层且底层高差≤10 m 的下列场所：
（1）电影院、礼堂。
（2）建筑面积>500 m^2的医院、旅馆。
（3）建筑面积>1 000 m^2 的商场、餐厅、展览厅、公共娱乐场所等</td></tr>
<tr><td rowspan="2">安全出口</td><td>可设 1 个安全出口</td><td>防火分区≤1 000 m^2 的商业营业厅、展览厅等场所直通室外安全出口</td></tr>
<tr><td>借用安全出口</td><td>（1）建筑面积≤500 m^2，地坪高差≤10 m，人数≤30 人的防火分区，当设置有仅用于采光或进风用的竖井，且竖井内有金属梯直通地面、防火分区通向竖井处设置有不低于乙级的常闭防火门时，可只设置 1 个安全出口；也可设置 1 个与相邻防火分区相通的防火门。
（2）在一个防火分区内，设置通向室外、直通室外的疏散楼梯间或避难走道的安全出口宽度之和，不宜小于规范规定的安全出口总宽度的 70%</td></tr>
<tr><td>疏散出口</td><td>1 个疏散出口</td><td>（1）建筑面积≤200 m^2，人数≤3 人的防火分区，可只设置 1 个通向相邻防火分区的防火门。
（2）房间建筑面积≤50 m^2，且人数≤15 人，可设置 1 个疏散出口</td></tr>
<tr><td colspan="2">安全疏散距离</td><td>（1）房间内最远点至该房间门的距离≤15 m。
（2）房间门至最近安全出口的最大距离：医院应为 24 m；旅馆应为 30 m；其他工程应为 40 m。位于袋形走道两侧或尽端的房间，其最大距离应为上述相应距离的一半。
（3）观众厅、展览厅、多功能厅、餐厅、营业厅和阅览室等，其室内任意一点到最近安全出口的直线距离≤30 m。当该防火分区设置有自动喷水灭火系统时，疏散距离可增加 25%</td></tr>
<tr><td colspan="2">安全疏散宽度</td><td>
<table>
<tr><th rowspan="2">工程名称</th><th rowspan="2">安全出口和疏散楼梯净宽/m</th><th colspan="2">疏散走道净宽/m</th></tr>
<tr><th>单面布置房间</th><th>双面布置房间</th></tr>
<tr><td>商场、公共娱乐场所、健身体育场所</td><td>1.4</td><td>1.5</td><td>1.6</td></tr>
<tr><td>医院</td><td>1.3</td><td>1.4</td><td>1.5</td></tr>
</table>
</td></tr>
</table>

核心考点 2-7-3　人防工程消防设施

消防设施	设 置 范 围
室外消火栓	人防工程内用水总量>10 L/s
室内消火栓系统	（1）建筑面积大于 300 m² 的人防工程。 （2）电影院、礼堂、消防电梯间前室和避难走道
自动喷水灭火系统	（1）除丁、戊类物品库房和自行车库外，建筑面积>500 m² 丙类库房和其他建筑面积>1 000 m² 的人防工程。 （2）座位数>800 个座位的电影院和礼堂的观众厅，且吊顶下表面至观众席室内地面高度≤8 m 时；舞台使用面积>200 m² 时；观众厅与舞台之间的台口宜设置防火幕或水幕分隔。 （3）歌舞娱乐放映游艺场所。 （4）建筑面积>500 m² 的地下商店和展览厅。 （5）燃油或燃气锅炉房和装机总容量>300 kW 柴油发电机房
火灾自动报警系统	（1）人防工程中建筑面积>500 m² 的地下商店、展览厅和健身体育场所。 （2）建筑面积>1 000 m² 的丙、丁类生产车间和丙、丁类物品库房。 （3）重要的通信机房和电子计算机机房，柴油发电机房和变配电室，重要的实验室和图书、资料、档案库房等；歌舞娱乐放映游艺场所
防排烟系统	防烟设施： （1）人防工程的防烟楼梯间及其前室或合用前室、避难走道的前室应设置机械加压送风防烟设施。 （2）丙、丁、戊类物品库房宜采用密闭防烟措施
	应设置排烟设施部位： （1）总建筑面积>200 m² 的人防工程。 （2）建筑面积>50 m²，且经常有人停留或可燃物较多的房间。 （3）丙、丁类生产车间。 （4）长度>20 m 的疏散走道。 （5）歌舞娱乐放映游艺场所。 （6）中庭应设置排烟设施

8. 该建筑楼梯/消防电梯/中庭/有顶商业步行街/避难层（间）/避难走道/下沉式广场/防火隔间的构造是否符合要求？

核心考点 2-8-1　民用建筑楼梯间的选择与构造

疏散楼梯间类型	检查内容	设 置 要 求
所有疏散楼梯间	基本要求	（1）楼梯间应能天然采光和自然通风，并宜靠外墙设置。靠外墙设置时，楼梯间、前室及合用前室外墙上的窗口与两侧门、窗、洞口最近边缘的水平距离不应小于 1.0 m。 （2）楼梯间内不应设置烧水间、可燃材料储藏室、垃圾道

续表

疏散楼梯间类型	检查内容	设置要求
所有疏散楼梯间	基本要求	（3）楼梯间内不应有影响疏散的凸出物或其他障碍物。 （4）封闭楼梯间、防烟楼梯间及其前室，不应设置卷帘。 （5）楼梯间内不应设置甲、乙、丙类液体管道。 （6）封闭楼梯间、防烟楼梯间及其前室内禁止穿过或设置可燃气体管道。敞开楼梯间内不应设置可燃气体管道，当住宅建筑的敞开楼梯间内确需设置可燃气体管道和可燃气体计量表时，应采用金属管和设置切断气源的阀门。 （7）除通向避难层错位的疏散楼梯外，建筑内的疏散楼梯间在各层的平面位置不应改变。 （8）建筑的地下或半地下部分与地上部分不应共用楼梯间，确需共用楼梯间时，应在首层采用耐火极限不低于 2.00 h 的防火隔墙和乙级防火门将地下或半地下部分与地上部分的连通部位完全分隔，并应设置明显的标志
封闭楼梯间	构造	（1）不能自然通风或自然通风不能满足要求时，应设置机械加压送风系统或采用防烟楼梯间。 （2）除楼梯间的出入口和外窗外，楼梯间的墙上不应开设其他门、窗、洞口。 （3）高层建筑、人员密集的公共建筑，其封闭楼梯间的门应采用乙级防火门，并应向疏散方向开启；其他建筑，可采用双向弹簧门。 （4）楼梯间的首层可将走道和门厅等包括在楼梯间内形成扩大的封闭楼梯间，但应采用乙级防火门等与其他走道和房间分隔
	适用范围	（1）多层公共建筑（除与敞开式外廊直接相连的楼梯间外）：医疗建筑、旅馆及类似使用功能的建筑；设置歌舞娱乐游艺放映场所的建筑；商店、图书馆、展览建筑、会议中心等；6 层及以上的其他建筑。 （2）高层公共建筑：裙房和建筑高度 $H \leqslant 32$ m 的二类高层。 （3）住宅建筑：21 m<建筑高度 $H \leqslant 33$ m 的住宅建筑。 （4）建筑高度 $H \leqslant 24$ m 的老年人照料设施的疏散楼梯或疏散楼梯间宜与敞开式外廊直接连通，不能与敞开式外廊直接连通的室内疏散楼梯应采用封闭楼梯间。 （5）地下或半地下建筑：除住宅建筑套内的自用楼梯外，地下或半地下建筑（室）当高程差≤10 m 且地下层数≤2 层时，其疏散楼梯应采用封闭楼梯间
防烟楼梯间	构造	（1）应设置防烟设施。 （2）前室可与消防电梯间前室合用。 （3）前室的使用面积：公共建筑≥6.0 m^2；住宅建筑≥4.5 m^2。与消防电梯间前室合用时，合用前室的使用面积：公共建筑≥10.0 m^2；住宅建筑≥6.0 m^2。 （4）疏散走道通向前室以及前室通向楼梯间的门应采用乙级防火门。 （5）除住宅建筑的楼梯间前室外，防烟楼梯间和前室内的墙上不应开设除疏散门和送风口外的其他门、窗、洞口。 （6）楼梯间的首层可将走道和门厅等包括在楼梯间前室内形成扩大的前室，但应采用乙级防火门等与其他走道和房间分隔

续表

疏散楼梯间类型	检查内容	设置要求
防烟楼梯间	适用范围	（1）一类高层公共建筑及建筑高度 $H>32$ m 的二类高层公共建筑。 （2）建筑高度 $H>33$ m 的住宅建筑。 （3）当地下层数为 3 层或以上，或室内地面与入口地坪高差 >10 m。 （4）建筑高度大于 24 m 的老年人照料设施，其室内疏散楼梯应采用防烟楼梯间
敞开楼梯间	适用范围	（1）可不设置防烟楼梯间和封闭楼梯间的公共建筑。 （2）住宅建筑的疏散楼梯设置应符合下列规定： ① 建筑高度 $H\leq21$ m 的住宅建筑可采用敞开楼梯间；与电梯井相邻布置的疏散楼梯应采用封闭楼梯间，当户门采用乙级防火门时，仍可采用敞开楼梯间。 ② 21 m $<$ 建筑高度 $H\leq33$ m 的住宅建筑应采用封闭楼梯间；当户门采用乙级防火门时，可采用敞开楼梯间
室外疏散楼梯	构造	（1）栏杆扶手的高度不应小于 1.10 m，楼梯的净宽度不应小于 0.90 m。 （2）倾斜角度不应大于 45°。 （3）梯段和平台均应采用不燃材料制作。平台的耐火极限不应低于 1.00 h，梯段的耐火极限不应低于 0.25 h。 （4）通向室外楼梯的门应采用乙级防火门，并应向外开启。 （5）除疏散门外，楼梯周围 2 m 内的墙面上不应设置门、窗、洞口。疏散门不应正对梯段
剪刀楼梯间	高层公共建筑剪刀楼梯间的构造	（1）楼梯间应为防烟楼梯间。 （2）梯段之间应设置耐火极限不低于 1.00 h 的防火隔墙。 （3）楼梯间的前室应分别设置
	高层公共建筑剪刀楼梯间的适用范围	高层公共建筑的疏散楼梯，当分散设置确有困难且从任一疏散门至最近疏散楼梯间入口的距离不大于 10 m 时，可采用剪刀楼梯间
	住宅单元剪刀楼梯间的构造	（1）应采用防烟楼梯间。 （2）梯段之间应设置耐火极限不低于 1.00 h 的防火隔墙。 （3）楼梯间的前室不宜共用；共用时，前室的使用面积不应小于 6.0 m^2。 （4）楼梯间的前室或共用前室不宜与消防电梯的前室合用；楼梯间的共用前室与消防电梯的前室合用时，合用前室的使用面积不应小于 12.0 m^2，且短边不应小于 2.4 m
	住宅单元剪刀楼梯间的适用范围	住宅单元的疏散楼梯，当分散设置确有困难且任一户门至最近疏散楼梯间入口的距离不大于 10 m 时，可采用剪刀楼梯间

核心考点 2-8-2　消防电梯

项目	场所分类	设置消防电梯条件
设置消防电梯的场所	公共建筑	（1）一类高层。 （2）建筑高度 $H>32$ m 的二类高层。 （3）5 层及以上且总建筑面积> 3 000 m^2（包括设置在其他建筑内 5 层及以上楼层）的老年人照料设施
	住宅建筑	建筑高度 $H>33$ m
	地下或半地下建筑（室）	（1）地上部分设置消防电梯的建筑。 （2）埋深>10 m 且总建筑面积>3 000 m^2 的其他地下或半地下建筑（室）
	高层厂房（仓库）	建筑高度 $H>32$ m 且设置电梯
可不设置消防电梯的场所	高层厂房（仓库）	（1）建筑高度 $H>32$ m 且设置电梯，任一层工作平台上的人数≤2 人的高层塔架。 （2）局部建筑高度 $H>32$ m，且局部高出部分的每层建筑面积≤50 m^2 的丁、戊类厂房
消防电梯的设置要求	消防电梯数量	消防电梯应分别设置在不同防火分区内，且每个防火分区不应少于 1 台
	消防电梯前室	除设置在仓库连廊、冷库穿堂或谷物筒仓工作塔内的消防电梯外，消防电梯应设置前室
		前室宜靠外墙设置，并应在首层直通室外或经过长度≤30 m 的通道通向室外
		（1）单独前室的使用面积≥ 6.0 m^2，前室的短边≥ 2.4 m。 （2）与防烟楼梯间合用的前室使用面积：公共建筑、高层厂房（仓库）≥10.0 m^2；住宅建筑≥6.0 m^2。 （3）楼梯间的共用前室与消防电梯的前室合用时，合用前室的使用面积≥12.0 m^2，且短边≥2.4 m
		除前室的出入口、前室内设置的正压送风口和《建筑设计防火规范》规定的户门外，前室内不应开设其他门、窗、洞口
		前室或合用前室的门应采用乙级防火门，不应设置卷帘
	消防电梯井	消防电梯井、机房与相邻电梯井、机房之间应设置 2.00 h 的防火隔墙，隔墙上的门应采用甲级防火门
		消防电梯的井底应设置排水设施，排水井的容量≥2 m^3，排水泵的排水量≥10 L/s。消防电梯间前室的门口宜设置挡水设施
	消防电梯技术参数	（1）应能每层停靠。 （2）电梯的载重量≥800 kg。 （3）电梯从首层至顶层的运行时间不宜大于 60 s。 （4）电梯的动力与控制电缆、电线、控制面板应采取防水措施。 （5）在首层的消防电梯入口处应设置供消防队员专用的操作按钮。 （6）电梯轿厢的内部装修应采用不燃材料。 （7）电梯轿厢内部应设置专用消防对讲电话

核心考点 2-8-3　避难层（间）

类型	检查内容	设置要求
避难层（间）	适用范围	建筑高度 $H>100$ m 的民用建筑，应设置避难层（间）
	构造	（1）第一个避难层（间）的楼地面至灭火救援场地地面的高度≤50 m，两个避难层（间）之间的高度≤50 m。 （2）通向避难层（间）的疏散楼梯应在避难层分隔、同层错位或上下层断开。 （3）避难层（间）的净面积按 5.0 人/m^2 计算。 （4）避难层可兼作设备层。设备管道宜集中布置，其中的易燃、可燃液体或气体管道应集中布置，设备管道区应采用耐火极限不低于 3.00 h 的防火隔墙与避难区分隔。管道井和设备间应采用耐火极限不低于 2.00 h 的防火隔墙与避难区分隔，管道井和设备间的门不应直接开向避难区；确需直接开向避难区时，与避难层区出入口的距离≥5 m，且应采用甲级防火门。避难间内不应设置易燃、可燃液体或气体管道，不应开设除外窗、疏散门之外的其他开口。 （5）避难层应设置消防电梯出口。 （6）应设置消火栓和消防软管卷盘。 （7）应设置消防专线电话和应急广播。 （8）在避难层（间）进入楼梯间的入口处和疏散楼梯通向避难层（间）的出口处，应设置明显的指示标志。 （9）应设置直接对外的可开启窗口或独立的机械防烟设施，外窗应采用乙级防火窗
医院的避难间	适用范围	高层病房楼应在二层及以上的病房楼层和洁净手术部设置避难间
	构造	（1）避难间服务的护理单元不应超过 2 个，其净面积应按每个护理单元≥25.0 m^2 确定。 （2）避难间兼作其他用途时，应保证人员的避难安全，且不得减少可供避难的净面积。 （3）应靠近楼梯间，并应采用耐火极限不低于 2.00 h 的防火隔墙和甲级防火门与其他部位分隔。 （4）应设置消防专线电话和消防应急广播。 （5）避难间的入口处应设置明显的指示标志。 （6）应设置直接对外的可开启窗口或独立的机械防烟设施，外窗应采用乙级防火窗
老年人照料设施的避难间	适用范围	（1）3 层及 3 层以上总建筑面积>3 000 m^2（包括设置在其他建筑内三层及以上楼层）的老年人照料设施，应在二层及以上各层老年人照料设施部分的每座疏散楼梯间的相邻部位设置 1 间避难间。 （2）当老年人照料设施设置与疏散楼梯或安全出口直接连通的开敞式外廊、与疏散走道直接连通且符合人员避难要求的室外平台等时，可不设置避难间
	构造	（1）避难间内可供避难的净面积≥12 m^2。 （2）避难间可利用疏散楼梯间的前室或消防电梯的前室。 （3）供失能老年人使用且层数大于 2 层的老年人照料设施，应按核定使用人数配备简易防毒面具

核心考点 2-8-4 避难走道、下沉式广场和防火隔间

类型	设置要求
避难走道	(1) 避难走道防火隔墙的耐火极限不应低于 3.00 h，楼板的耐火极限不应低于 1.50 h。 (2) 避难走道直通地面的出口不应少于 2 个，并应设置在不同方向；当避难走道仅与一个防火分区相通且该防火分区至少有 1 个直通室外的安全出口时，可设置 1 个直通地面的出口。任一防火分区通向避难走道的门至该避难走道最近直通地面的出口的距离不应大于 60 m。 (3) 避难走道的净宽度不应小于任一防火分区通向该避难走道的设计疏散总净宽度。 (4) 避难走道内部装修材料的燃烧性能应为 A 级。 (5) 防火分区至避难走道入口处应设置防烟前室，前室的使用面积不应小于 6.0 m^2，开向前室的门应采用甲级防火门，前室开向避难走道的门应采用乙级防火门。 (6) 避难走道内应设置消火栓、消防应急照明、应急广播和消防专线电话。 (7) 避难走道前室应设机械加压送风系统；走道：1 个出口且长度≥30 m，2 个出口且长度≥60 m 应设机械加压送风系统
下沉式广场	(1) 分隔后的不同区域通向下沉式广场等室外开敞空间的开口最近边缘之间的水平距离不应小于 13 m。室外开敞空间除用于人员疏散外不得用于其他商业或可能导致火灾蔓延的用途，其中用于疏散的净面积不应小于 169 m^2。 (2) 下沉式广场等室外开敞空间内应设置不少于 1 部直通地面的疏散楼梯。当连接下沉广场的防火分区需利用下沉广场进行疏散时，疏散楼梯的总净宽度不应小于任一防火分区通向室外开敞空间的设计疏散总净宽度。 (3) 确需设置防风雨篷时，防风雨篷不应完全封闭，四周开口部位应均匀布置，开口的面积不应小于该空间地面面积的 25%，开口高度不应小于 1.0 m；开口设置百叶时，百叶的有效排烟面积可按百叶通风口面积的 60%计算
防火隔间	(1) 防火隔间的建筑面积不应小于 6.0 m^2。 (2) 防火隔间的门应采用甲级防火门。 (3) 不同防火分区通向防火隔间的门不应计入安全出口，门的最小间距不应小于 4 m。 (4) 防火隔间内部装修材料的燃烧性能应为 A 级。 (5) 不应用于除人员通行外的其他用途

核心考点 2-8-5 中庭

检查内容	设置要求
与周围连通空间应进行防火分隔	(1) 防火隔墙：耐火极限≥1 h。 (2) 防火玻璃：耐火隔热性和耐火完整性≥1 h；当采用耐火完整性≥1.00 h 的非隔热性防火玻璃墙时，应设置自动喷水灭火系统进行保护。 (3) 防火卷帘：耐火极限≥3 h。 (4) 与中庭相连通的门、窗，应采用火灾时能自行关闭的甲级防火门、窗
回廊的消防设施	高层建筑内的中庭回廊应设置自动喷水灭火系统和火灾自动报警系统
中庭的消防设施	中庭应设置排烟设施

续表

检查内容	设 置 要 求
中庭的使用功能	中庭内不得布置任何经营性商业设施、可燃物和用于人员通行外的其他用途
与中庭连通部位的装修材料	顶棚、墙面 A 级，其他部位 B1 级

核心考点 2-8-6　有顶商业步行街构造

检查内容	设 置 要 求
步行街两侧建筑	(1) 步行街两侧建筑的耐火等级不应低于二级。 (2) 步行街两侧建筑相对面的最近距离均不应小于《建筑设计防火规范》对相应高度建筑的防火间距要求且≥9 m。 (3) 步行街的长度不宜大于 300 m。 步行街的端部在各层均不宜封闭，确需封闭时，应在外墙上设置可开启的门窗，且可开启门窗的面积应≥该部位外墙面积的一半 符合相应防火间距要求且应≥9 m 一、二耐火等级餐饮、商店等商业建筑 L_2 有顶棚的步行街 L_1 L_3 $L_1+L_2+L_3$ 宜≤300m 符合相应防火间距要求且应≥9 m 符合相应防火间距要求且应≥9 m 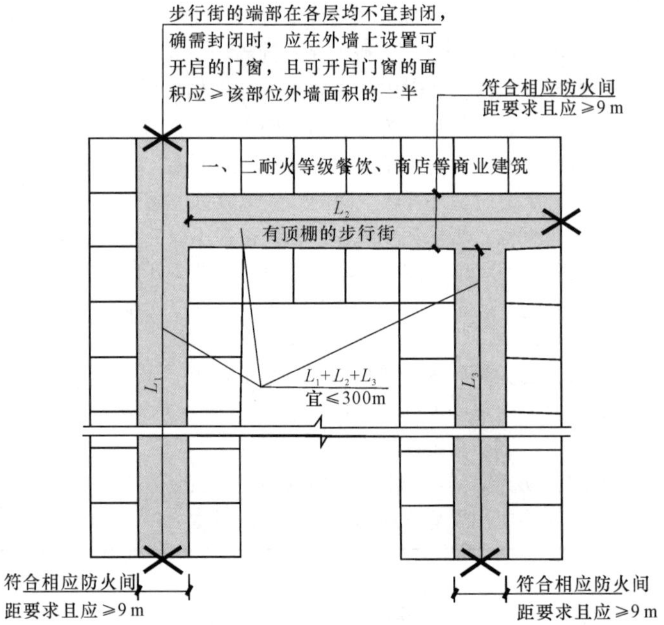 平面示意图
两侧建筑的商铺	(1) 步行街两侧建筑的商铺之间应设置 2.00 h 的防火隔墙，每间商铺的建筑面积不宜大于 300 m^2。 (2) 步行街两侧建筑的商铺，其面向步行街一侧的围护构件的耐火极限不应低于 1.00 h，并宜采用实体墙，其门、窗应采用乙级防火门、窗；当采用防火玻璃墙（包括门、窗）时，其耐火隔热性和耐火完整性不应低于 1.00 h；当采用耐火完整性不低于 1.00 h 的非隔热性防火玻璃墙（包括门、窗）时，应设置闭式自动喷水灭火系统进行保护

续表

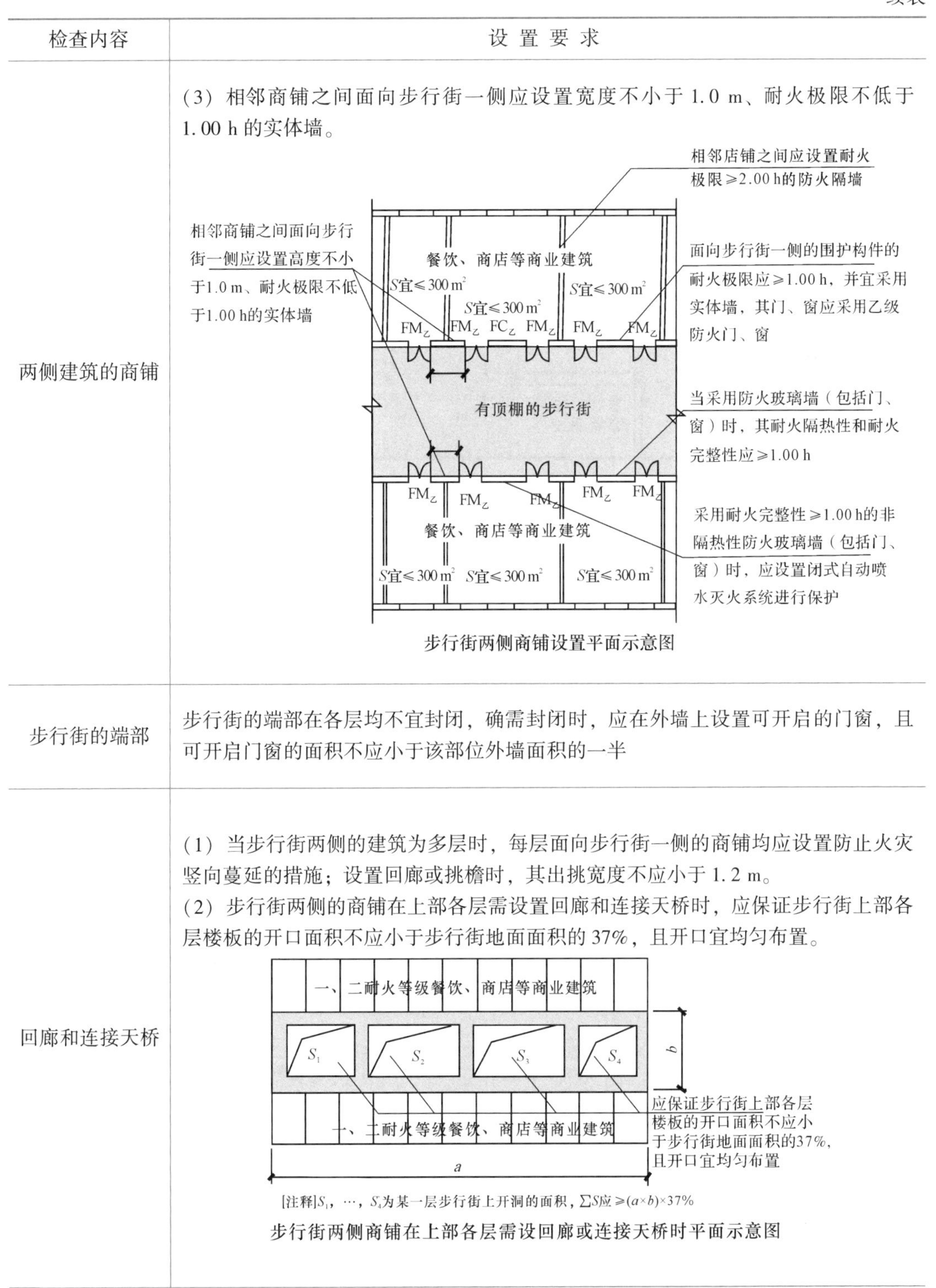

检查内容	设 置 要 求
两侧建筑的商铺	(3) 相邻商铺之间面向步行街一侧应设置宽度不小于 1.0 m、耐火极限不低于 1.00 h 的实体墙。 步行街两侧商铺设置平面示意图
步行街的端部	步行街的端部在各层均不宜封闭，确需封闭时，应在外墙上设置可开启的门窗，且可开启门窗的面积不应小于该部位外墙面积的一半
回廊和连接天桥	(1) 当步行街两侧的建筑为多层时，每层面向步行街一侧的商铺均应设置防止火灾竖向蔓延的措施；设置回廊或挑檐时，其出挑宽度不应小于 1.2 m。 (2) 步行街两侧的商铺在上部各层需设置回廊和连接天桥时，应保证步行街上部各层楼板的开口面积不应小于步行街地面面积的 37%，且开口宜均匀布置。 步行街两侧商铺在上部各层需设回廊或连接天桥时平面示意图

续表

<table>
<tr><th>检查内容</th><th>设 置 要 求</th></tr>
<tr><td>回廊和连接天桥</td><td>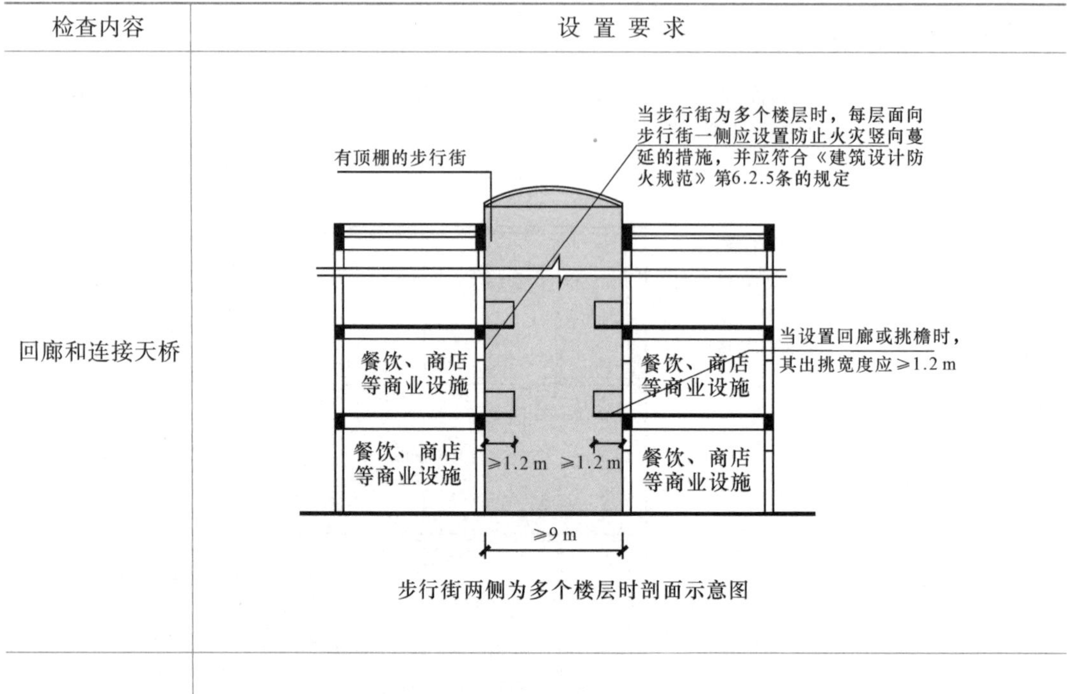

步行街两侧为多个楼层时剖面示意图</td></tr>
<tr><td>步行街的顶棚</td><td>(1) 步行街的顶棚材料应采用不燃或难燃材料，其承重结构的耐火极限不应低于1.00 h。步行街内不应布置可燃物。
(2) 步行街的顶棚下檐距地面的高度不应小于6.0 m，顶棚应设置自然排烟设施并宜采用常开式的排烟口，且自然排烟口的有效面积不应小于步行街地面面积的25%。常闭式自然排烟设施应能在火灾时手动和自动开启。
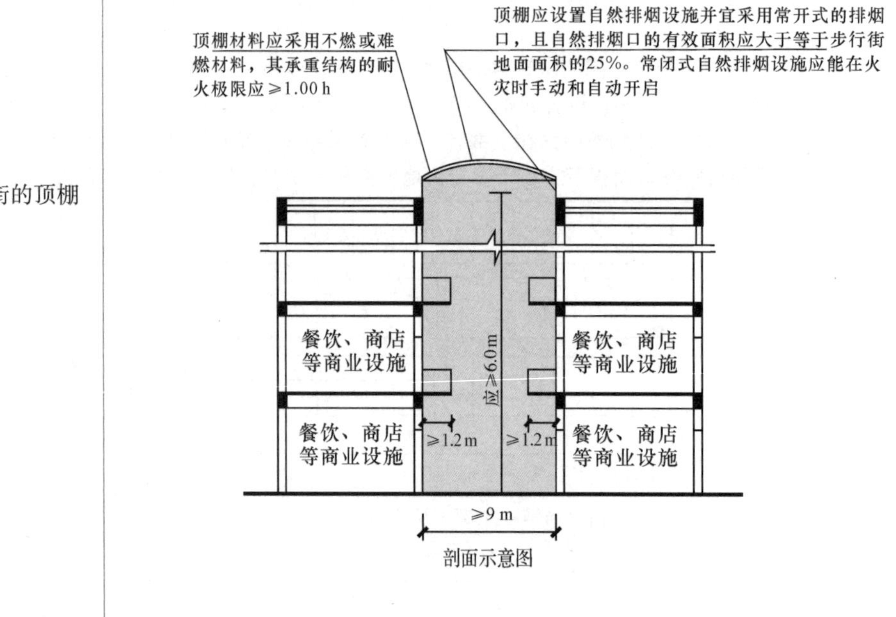

剖面示意图</td></tr>
</table>

续表

检查内容	设 置 要 求
疏散距离	(1) 步行街两侧建筑内的疏散楼梯应靠外墙设置并宜直通室外，确有困难时，可在首层直接通至步行街。 (2) 首层商铺的疏散门可直接通至步行街，步行街内任一点到达最近室外安全地点的步行距离不应大于 60 m。 (3) 步行街两侧建筑二层及以上各层商铺的疏散门至该层最近疏散楼梯口或其他安全出口的直线距离不应大于 37. 5 m。 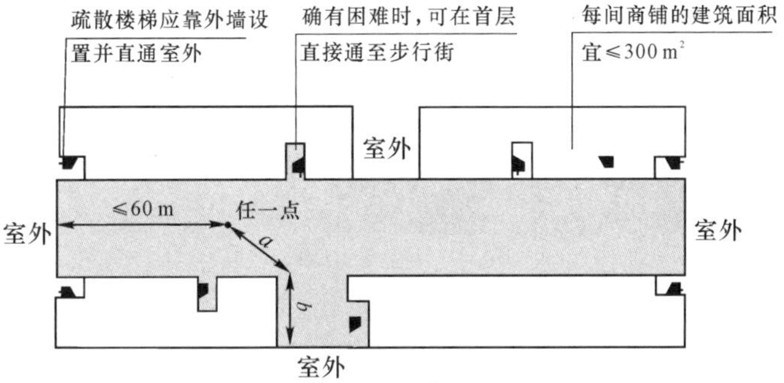 [注释]任一点到达最近室外安全地点的步行距离应≤60 m ($a+b\leq 60$ m) 首层平面示意图 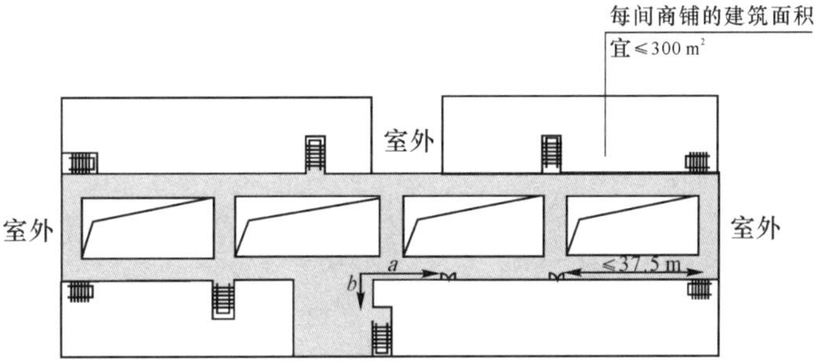 [注释]步行街两侧建筑二层及以上各层商铺的疏散门至该层最近疏散楼梯口或其他安全出口的直线距离应≤37.5 m ($a+b\leq 37.5$ m) 二层或以上平面示意图
步行街的消防设施	(1) 步行街两侧建筑的商铺外应每隔 30 m 设置 DN65 的消火栓，并应配备消防软管卷盘或消防水龙，商铺内应设置自动喷水灭火系统和火灾自动报警系统。 (2) 每层回廊均应设置自动喷水灭火系统。步行街内宜设置自动跟踪定位射流灭火系统。 (3) 步行街两侧建筑的商铺内外均应设置疏散照明、灯光疏散指示标志和消防应急广播系统

案例三　消防安全管理分析

1. 消防重点单位界定标准与其特殊消防安全管理职责有哪些?
2. 消防安全责任人 / 消防安全管理人 / 专职消防值班人员的职责分别有哪些?
3. 消防安全检查的周期。
4. 消防档案内容与保存年限。
5. 灭火和应急救援预案编制程序和编制内容是什么?
6. 人员密集场所的消防安全管理有什么要求?
7. 高层民用建筑的消防安全管理有什么要求?
8. 该场所是否存在重大火灾隐患?
9. 大型商业综合体消防安全管理存在的问题有哪些?

1. 消防重点单位界定标准与其特殊消防安全管理职责有哪些？

核心考点 3-1-1　消防重点单位界定标准

	单　位	界定标准
消防安全重点单位的界定标准	商场（市场）、宾馆（饭店）、体育场（馆）、会堂、公共娱乐场所等公众聚集场所	（1）建筑面积≥1 000 m^2 且经营可燃商品的商场（商店、市场）。 （2）客房数≥50 间（旅馆、饭店）。 （3）公共的体育场（馆）、会堂。 （4）建筑面积≥200 m^2 的公共娱乐场所
	医院、养老院和寄宿制的学校、托儿所、幼儿园	（1）住院床位≥50 张的医院。 （2）老人住宿床位≥50 张的养老院。 （3）学生住宿床位≥100 张的学校。 （4）幼儿住宿床位≥50 张的托儿所、幼儿园
	国家机关	（1）县级以上的党委、人大、政府、政协。 （2）人民检察院、人民法院。 （3）中央和国务院各部委。 （4）共青团中央、全国总工会、全国妇联的办事机关
	广播、电视和邮政、通信枢纽	（1）广播电台、电视台。 （2）城镇的邮政和通信枢纽单位
	客运车站、码头、民用机场	（1）候车厅和候船厅的建筑面积≥500 m^2 的客运车站和客运码头。 （2）民用机场
	公共图书馆、展览馆、博物馆、档案馆以及具有火灾危险性的文物保护单位	（1）建筑面积≥2 000 m^2 的公共图书馆、展览馆。 （2）博物馆、档案馆。 （3）具有火灾危险性的县级以上文物保护单位
	发电厂（站）和电网经营企业	—
	易燃易爆化学物品的生产、充装、储存、供应、销售单位	（1）生产易燃易爆化学物品的工厂。 （2）易燃易爆气体和液体的灌装站、调压站。 （3）储存易燃易爆化学物品的专用仓库（堆场、储罐场所）。 （4）易燃易爆化学物品的专业运输单位。 （5）营业性汽车加油站、加气站，液化石油气供应站（换瓶站）。 （6）经营易燃易爆化学物品的化工商店（其界定标准以及其他需要界定的易燃易爆化学物品性质的单位及其标准，由省级消防救援机构根据实际情况确定）
	劳动密集型生产、加工企业	生产车间员工≥100 人的服装、鞋帽、玩具等劳动密集型企业

续表

	单　　位	界定标准
消防安全重点单位的界定标准	高层公共建筑、地下铁道、地下观光隧道，粮、棉、木材、百货等物资仓库和堆场，重点工程的施工现场	(1) 高层公共建筑的办公楼（写字楼）、公寓楼等。 (2) 城市地下铁道、地下观光隧道等地下公共建筑和城市重要的交通隧道。 (3) 国家储备粮库、总储备量≥10 000 t 的其他粮库。 (4) 总储量≥500 t 的棉库。 (5) 总储量≥10 000 m^3 的木材堆场。 (6) 总储存价值≥1 000 万元的可燃物品仓库和堆场。 (7) 国家和省级等重点工程的施工现场

消防安全重点单位的界定程序	程序	内　　容
	申报	(1) 重点工程的施工现场符合消防安全重点单位界定标准的，由施工单位负责申报备案。 (2) 同一栋建筑物中各自独立的产权单位或者使用单位，符合消防安全重点单位界定标准的，应当各自独立申报备案；建筑物本身符合消防安全重点单位界定标准的，建筑物产权单位也要独立申报备案
	核定	消防救援机构对申报备案单位的情况进行核实审定
	告知	对已确定的消防安全重点单位，消防救援机构将采用《消防安全重点单位告知书》的形式，告知消防安全重点单位
	公告	消防救援机构于每年的第一季度对本辖区消防安全重点单位进行核查调整，向全社会公告

核心考点 3-1-2　消防安全管理职责

消防单位	消防安全职责
机关、团体、企业、事业等一般单位	(1) 落实消防安全责任制，制定本单位的消防安全制度、消防安全操作规程，制订灭火和应急疏散预案。 (2) 按照国家标准、行业标准配置消防设施、器材，设置消防安全标志，并定期组织检验、维修，确保完好有效。 (3) 对建筑消防设施每年至少进行一次全面检测，确保完好有效，检测记录应当完整准确，存档备查。 (4) 保障疏散通道、安全出口、消防车通道畅通，保证防火防烟分区、防火间距符合消防技术标准。 (5) 组织防火检查，及时消除火灾隐患。 (6) 组织进行有针对性的消防演练。 (7) 法律、法规规定的其他消防安全职责

续表

消防单位	消防安全职责
消防安全重点单位特殊职责	（1）确定消防安全管理人，组织实施本单位的消防安全管理工作。 （2）建立消防档案，确定消防安全重点部位，设置防火标志，实行严格管理。 （3）实行每日防火巡查，并建立巡查记录。 （4）对职工进行岗前消防安全培训，定期组织消防安全培训和消防演练
火灾高危单位（对容易造成群死群伤火灾的人员密集场所、易燃易爆单位和高层、地下公共建筑等单位）消防安全职责	（1）定期召开消防安全工作例会，研究本单位消防工作，处理涉及消防经费投入、消防设施设备购置、火灾隐患整改等重大问题。 （2）鼓励消防安全管理人取得注册消防工程师执业资格，消防安全责任人和特有工种人员须经消防安全培训；自动消防设施操作人员应取得建（构）筑物消防员资格证书。 （3）专职消防队或微型消防站应当根据本单位火灾危险特性配备相应的消防装备器材，储备足够的灭火救援药剂和物资，定期组织消防业务学习和灭火技能训练。 （4）按照国家标准配备应急逃生设施设备和疏散引导器材。 （5）建立消防安全评估制度，由具有资质的机构定期开展评估，评估结果向社会公开。 （6）参加火灾公众责任保险
多单位共用建筑的单位职责	（1）实行承包、租赁或者委托经营、管理时，产权单位应当提供符合消防安全要求的建筑物，当事人在订立的合同中依照有关规定明确各方的消防安全责任；消防车通道、涉及公共消防安全的疏散设施和其他建筑消防设施应当由产权单位或者委托管理的单位统一管理。 （2）有两个以上产权单位和使用单位的建筑物，各产权单位、使用单位对消防车通道、涉及公共消防安全的疏散设施和其他建筑消防设施应当明确管理责任，可以委托统一管理。 （3）举办集会、焰火晚会、灯会等具有火灾危险的大型活动的主办单位、承办单位以及提供场地的单位，应当在订立的合同中明确各方的消防安全责任。大型群众性活动的承办单位对承办活动的消防安全负责。 （4）建筑工程施工现场的消防安全由施工单位负责。实行施工总承包的，由总承包单位负责

2. 消防安全责任人/消防安全管理人/专职消防值班人员的职责分别有哪些？

核心考点 3-2-1　消防安全责任人、消防安全管理人的消防安全职责

序列	消防安全责任人	消防安全管理人
（1）	贯彻执行消防法规，保障单位消防安全符合规定，掌握本单位的消防安全情况	组织实施对本单位消防设施、灭火器材和消防安全标志的维护保养，确保其完好有效，确保疏散通道和安全出口畅通

续表

序列	消防安全责任人	消防安全管理人
(2)	将消防工作与本单位的生产、科研、经营、管理等活动统筹安排，批准实施年度消防工作计划	拟订年度消防工作计划，组织实施日常消防安全管理工作
(3)	为本单位的消防安全提供必要的经费和组织保障	拟订消防安全工作的资金投入和组织保障方案
(4)	确定逐级消防安全责任，批准实施消防安全制度和保障消防安全的操作规程	组织制定消防安全制度和保障消防安全的操作规程并检查督促其落实
(5)	组织防火检查，督促落实火灾隐患整改，及时处理涉及消防安全的重大问题	组织实施防火检查和火灾隐患整改工作
(6)	根据消防法规的规定建立专职消防队、志愿消防队	组织管理专职消防队和志愿消防队
(7)	组织制定符合本单位实际的灭火和应急疏散预案，并实施演练	在员工中组织开展消防知识、技能的宣传教育和培训，组织灭火和应急疏散预案的实施和演练

核心考点 3-2-2 专职消防值班人员、一般员工的消防安全职责

序列	专职消防值班人员	一般员工
(1)	必须持证上岗，掌握自动消防系统的功能及操作规程	明确各自消防安全责任，认真执行本单位的消防安全制度和消防安全操作规程。维护消防安全、预防火灾
(2)	每日测试主要消防设施功能，发现故障应在 24 h 内排除，不能排除的应逐级上报	保护消防设施和器材，保障消防通道畅通；发现火灾，及时报警；参加有组织的灭火工作
(3)	核实、确认报警信息，及时排除误报和一般故障	公共场所的现场工作人员，在发生火灾后应当立即组织、引导在场群众安全疏散
(4)	发生火灾时，按照灭火和应急疏散预案，及时报警和启动相关消防设施	接受单位组织的消防安全培训，做到懂火灾的危险性和预防火灾措施、懂火灾扑救方法、懂火灾现场逃生方法；会报火警、会使用灭火器材和扑救初起火灾、会逃生自救

3. 消防安全检查的周期。

核心考点 3-3-1 消防安全管理检查的周期

<table>
<tr><th>内　　容</th><th>主　　体</th><th>频　　次</th></tr>
<tr><td>建筑消防设施全面检测</td><td>单位</td><td>每年一次</td></tr>
<tr><td rowspan="2">防火检查</td><td>机关、团体、事业单位</td><td>每季度一次</td></tr>
<tr><td>其他单位</td><td>每月一次</td></tr>
<tr><td rowspan="2">防火巡查</td><td>消防安全重点单位</td><td>每日</td></tr>
<tr><td>公众聚集场所</td><td>每两小时一次</td></tr>
<tr><td rowspan="2">消防安全培训</td><td>消防安全重点单位</td><td>每年一次</td></tr>
<tr><td>公众聚集场所</td><td>每半年一次</td></tr>
<tr><td rowspan="2">灭火和应急疏散预案演练</td><td>消防安全重点单位包括公众聚集场所</td><td>每半年一次</td></tr>
<tr><td>其他单位</td><td>每年一次</td></tr>
</table>

4. 消防档案内容与保存年限。

核心考点 3-4-1 消防档案

<table>
<tr><td>消防档案的主要内容</td><td>消防安全基本情况</td><td>单位基本概况和消防安全重点部位情况；建筑物或者场所施工，使用或者开业前的消防设计审核、消防验收以及消防安全检查的文件、资料；消防管理组织机构和各级消防安全责任人；消防安全制度；消防设施、灭火器材情况；专职消防队、义务消防人员及其消防装备配备情况；与消防安全有关的重点工种人员情况；新增消防产品、防火材料的合格证明材料；灭火和应急疏散预案</td></tr>
<tr><td rowspan="2">消防档案的主要内容</td><td rowspan="2">消防安全管理情况</td><td>消防救援机构依法填写制作的各类法律文书</td></tr>
<tr><td>有关工作记录：消防设施定期检查记录、自动消防设施检查检测报告以及维修保养的记录；火灾隐患及其整改情况记录；防火检测、巡查记录；有关燃气、电气设备检测等记录；消防安全培训记录；灭火和应急疏散预案的演练记录；火灾情况记录；消防奖惩情况记录</td></tr>
<tr><td rowspan="2">消防档案的管理</td><td>保管、备查</td><td>消防档案由消防安全重点单位统一保管、备查，不得由承办机构或个人分散保存</td></tr>
<tr><td>档案销毁</td><td>消防设施施工安装、竣工验收以及验收技术检测等原始技术资料长期保存；《消防控制室值班记录表》和《建筑消防设施巡查记录表》的存档时间不少于 1 年；《建筑消防设施检测记录表》《建筑消防设施故障维修记录表》《建筑消防设施维护保养计划表》《建筑消防设施维护保养记录表》的存档时间不少于 5 年</td></tr>
</table>

5. 灭火和应急救援预案编制程序和编制内容是什么？

核心考点 3-5-1　灭火和应急救援预案的分级与分类

预案分级（根据设定灾情的严重程度和场所的危险性）	一级预案	针对可能发生无人员伤亡或被困，燃烧面积小的普通建筑火灾的预案
	二级预案	针对可能发生 3 人以下伤亡或被困，燃烧面积大的普通建筑火灾，燃烧面积较小的高层建筑、地下建筑、人员密集场所、易燃易爆危险品场所、重要场所等特殊场所火灾的预案
	三级预案	针对可能发生 3 人以上 10 人以下伤亡或被困，燃烧面积小的高层建筑、地下建筑、人员密集场所、易燃易爆危险品场所、重要场所等特殊场所火灾的预案
	四级预案	针对可能发生 10 人以上 30 人以下伤亡或被困，燃烧面积较大的高层建筑、地下建筑、人员密集场所、易燃易爆危险品场所、重要场所等特殊场所火灾的预案
	五级预案	针对可能发生 30 人以上伤亡或被困，燃烧面积大的高层建筑、地下建筑、人员密集场所、易燃易爆危险品场所、重要场所等特殊场所火灾的预案
预案分类	按照单位规模大小、功能及业态划分、管理层次等要素，可分为总预案、分预案和专项预案三类	

核心考点 3-5-2　灭火和应急救援预案的编制程序和内容

预案编制程序	1. 成立预案编制工作组	成立单位相关部门人员参加的预案编制工作组，也可以委托专业机构提供技术服务
	2. 资料收集与评估	（1）确定消防安全重点部位和火灾危险源，进行火灾风险评估。 （2）客观评价本单位消防安全组织、员工消防技能、消防设施等方面的应急处置能力。 （3）针对火灾危险源和存在问题，提出组织灭火和应急疏散的主要措施
	3. 编写预案	（1）科学编写预案文本，明确应急机构人员组成及工作职责、火灾事故的处置程序以及预案的培训和演练要求等。 （2）集团性、连锁性企业应制订预案编制指导意见，对所属下级单位提出明确要求。下级单位应编制符合本单位实际的预案。 （3）单位应编制总预案，单位内各部门应结合岗位火灾危险性编写分预案，消防安全重点部位应编写专项预案。 （4）分班作业的单位或场所应针对不同的班组，分别制订预案和组织演练。 （5）经营单位应针对营业和非营业等不同时间段，分别制订编写预案和组织演练。 （6）多产权、多家使用单位应委托统一消防安全管理的部门编制总预案，各单位、业主应根据自身实际制订分预案。 （7）鼓励单位应用建筑信息化管理（BIM）、大数据、移动通信等信息技术，制订数字化预案及应急处置辅助信息系统

续表

预案编制程序	4. 评审与发布	(1) 预案编制完成后，单位主要负责人应组织有关部门和人员，对预案进行评审。 (2) 预案评审通过后，由本单位主要负责人签署发布，以正式文本的形式发放到每一名员工手中
	5. 适时修订预案	—
预案的主要内容	1. 编制目的	—
	2. 编制依据	—
	3. 适用范围	—
	4. 应急工作原则	—
	5. 单位基本情况	—
	6. 火灾情况设定	—
	7. 组织机构及职责	(1) 预案应明确单位的指挥机构，消防安全责任人任总指挥，消防安全管理人任副总指挥，消防工作归口职能部门负责人参加并具体组织实施。 (2) 预案宜建立在单位消防安全责任人或者消防安全管理人不在位的情况下，由当班的单位负责人或第三人替代指挥的梯次指挥体系。 (3) 预案应明确通信联络组、灭火行动组、疏散引导组、防护救护组、安全保卫组、后勤保障组等行动机构
	8. 应急响应（响应措施、指挥调度、通信联络、灭火行动、疏散引导、防护救护、与消防队的配合、典型场所的预案）	(1) 一级预案应明确由单位值班带班负责人到场指挥，拨打“119”报告一级火警，组织单位志愿消防队和微型消防站值班人员到场处置，采取有效措施控制火灾扩大。 (2) 二级预案应明确由消防安全管理人到场指挥，拨打“119”报告二级火警，调集单位志愿消防队、微型消防站和专业消防力量到场处置，组织疏散人员、扑救初起火灾、抢救伤员、保护财产，控制火势扩大蔓延。 (3) 三级以上预案应明确由消防安全责任人到场指挥，拨打“119”报告相应等级火警，同时调集单位所有消防力量到场处置，组织疏散人员、扑救初起火灾、抢救伤员、保护财产，有效控制火灾蔓延扩大，请求周边区域联防单位到场支援
	9. 应急保障	包括通信与信息保障、应急队伍保障、物资装备保障、其他保障
	10. 应急响应结束	—
	11. 后期处置	—

核心考点 3-5-3　灭火和应急救援预案实施

预案的实施	预案的培训	对培训效果进行考核和评估，保存相关记录，培训周期不低于 1 年
	应急演练	(1) 消防安全重点单位应至少每半年组织一次演练，火灾高危单位应至少每季度组织一次演练，其他单位应至少每年组织一次演练。在火灾多发季节或有重大活动保卫任务的单位，应组织全要素综合演练。单位内的有关部门应结合实际适时组织专项演练，宜每月组织开展一次疏散演练。 (2) 单位全要素综合演练由指挥机构统一组织，专项演练由消防归口职能部门或内设部门组织。 (3) 组织全要素综合演练时，可以报告当地消防部门给予业务指导，地铁、建筑高度超过 100 m 的多功能建筑，应适时与消防部门组织联合演练

6. 人员密集场所的消防安全管理有什么要求？

核心考点 3-6-1 人员密集场所的消防安全管理

<table>
<tr><td>消防组织</td><td colspan="2">1. 人员密集场所应根据需要建立志愿消防队，志愿消防队员的数量不应少于本场所从业人员数量的 30%。
2. 属于消防安全重点单位的人员密集场所，应依托志愿消防队建立微型消防站</td></tr>
<tr><td rowspan="6">消防安全制度和管理</td><td>消防安全例会</td><td>人员密集场所应建立消防安全例会制度，消防安全例会应由消防安全责任人主持，消防安全管理人提出议程，有关人员参加，并应形成会议纪要或决议，每月不宜少于一次</td></tr>
<tr><td>防火巡查、检查</td><td>(1) 人员密集场所应至少每月开展一次防火检查。
(2) 人员密集场所应每日进行防火巡查，并结合实际组织开展夜间防火巡查。防火巡查宜采用电子巡更设备</td></tr>
<tr><td>消防宣传与培训</td><td>人员密集场所应至少每半年组织一次对每名员工的消防培训，对新上岗人员应进行上岗前的消防培训</td></tr>
<tr><td>消防设施管理</td><td>(1) 属于消防安全重点单位的人员密集场所，每日应进行一次建筑消防设施、器材巡查；其他单位，每周应至少进行一次。
(2) 设置建筑消防设施的人员密集场所，每年应至少进行一次建筑消防设施联动检查，每月应至少进行一次建筑消防设施单项检查。
(3) 消防控制室接到火灾警报后，消防控制室值班人员应立即以最快方式进行确认。确认发生火灾后，应立即确认火灾报警联动控制开关处于自动状态，拨打“119”电话报警，同时向消防安全责任人或消防安全管理人报告，启动单位内部灭火和应急疏散预案。
(4) 消防控制室的值班人员应每 2 h 记录一次值班情况</td></tr>
<tr><td>用火、动火安全管理</td><td>(1) 人员密集场所的动火审批应经消防安全责任人签字同意方可进行。
(2) 用火、动火安全管理应符合下列要求：
① 人员密集场所禁止在营业时间进行动火作业；
② 人员密集场所不应使用明火照明或取暖，如特殊情况需要时，应有专人看护；
③ 宾馆、餐饮场所、医院、学校的厨房烟道应至少每季度清洗一次</td></tr>
<tr><td>易燃、易爆化学物品管理</td><td>人员密集场所需要使用易燃、易爆化学物品时，应根据需求限量使用，存储量不应超过一天的使用量</td></tr>
</table>

核心考点 3-6-2　人员密集场所的灭火和应急疏散预案

预案内容	(1) 单位的基本情况，火灾危险分析。 (2) 火灾现场通信联络、灭火、疏散、救护、保卫等应由专门机构或专人负责，并明确各职能小组的负责人、组成人员及各自职责。 (3) 火警处置程序。 (4) 应急疏散的组织程序和措施。 (5) 扑救初起火灾的程序和措施。 (6) 通信联络、安全防护和人员救护的组织与调度程序、保障措施
预案实施程序	确认发生火灾后，应立即启动灭火和应急疏散预案，并同时开展下列工作：向消防救援机构报火警；各职能小组执行预案中的相应职责；组织和引导人员疏散，营救被困人员；使用消火栓等消防器材、设施扑救初起火灾；派专人接应消防车辆到达火灾现场；保护火灾现场，维护现场秩序
预案的宣贯和完善	大型多功能公共建筑、地铁和建筑高度>100 m 的公共建筑等，应根据需要邀请有关专家对灭火和应急疏散预案进行评估、论证
消防演练	(1) 宾馆、商场、公共娱乐场所，应至少每半年组织一次消防演练；其他场所，应至少每年组织一次。 (2) 大型多功能公共建筑、地铁和建筑高度>100 m 的公共建筑等，应适时与当地消防救援队伍组织联合消防演练

7. 高层民用建筑的消防安全管理有什么要求？

核心考点 3-7-1　高层民用建筑消防安全管理

禁止措施	(1) 高层民用建筑使用燃气应当采用管道供气方式。禁止在高层民用建筑地下部分使用液化石油气。 (2) 禁止在高层民用建筑公共门厅、疏散走道、楼梯间、安全出口停放电动自行车或者为电动自行车充电
防火巡查与防火检查	(1) 高层民用建筑应当每日进行防火巡查。其中，高层公共建筑内公众聚集场所在营业期间应当至少每 2 h 进行一次防火巡查。 (2) 高层住宅建筑应当每月至少开展一次防火检查，高层公共建筑应当每半个月至少开展一次防火检查
消防安全评估	高层民用建筑的业主、使用人或者消防服务单位、统一管理人应当每年至少组织开展一次整栋建筑的消防安全评估
消防宣传教育	(1) 高层公共建筑内的单位应当每半年至少对员工开展一次消防安全教育培训。 (2) 高层住宅建筑的物业服务企业应当每年至少对居住人员进行一次消防安全教育培训，进行一次疏散演练

续表

灭火疏散预案	(1) 规模较大或者功能业态复杂，且有两个及以上业主、使用人或者多个职能部门的高层公共建筑，有关单位应当编制灭火和应急疏散总预案，各单位或者职能部门应当根据场所、功能分区、岗位实际编制专项灭火和应急疏散预案或者现场处置方案（以下统称分预案）。 (2) 高层民用建筑应当每年至少进行一次全要素综合演练，建筑高度超过 100 m 的高层公共建筑应当每半年至少进行一次全要素综合演练。编制分预案的，有关单位和职能部门应当每季度至少进行一次综合演练或者专项灭火、疏散演练

8. 该场所是否存在重大火灾隐患？

核心考点 3-8-1　重大火灾隐患直接判定

类型	直接判定内容
总平面布局	(1) 生产、储存和装卸易燃易爆危险品的工厂、仓库和专用车站、码头、储罐区，未设置在城市的边缘或相对独立的安全地带
总平面布局	(2) 城市建成区内的加油站、天然气或液化石油气加气站、加油加气合建站的储量达到或超过一级站的规定
	(3) 生产、储存、经营易燃易爆危险品的场所与人员密集场所、居住场所设置在同一建筑物内，或与人员密集场所、居住场所的防火间距小于规定值的 75%
平面布局	(1) 甲、乙类生产场所和仓库设置在建筑的地下室或半地下室
	(2) 托儿所、幼儿园的儿童用房以及老年人活动场所，所在楼层位置不符合规定
民用建筑安全疏散	公共娱乐场所、商店、地下人员密集场所的安全出口数量不足或其总净宽度小于规定值的 80%
消防设施	(1) 旅馆、公共娱乐场所、商店、地下人员密集场所未按规定设置自动喷水灭火系统或火灾自动报警系统
	(2) 易燃可燃液体、可燃气体储罐（区）未按规定设置固定灭火、冷却、可燃气体浓度报警、火灾报警设施
其他	(1) 在人员密集场所违反消防安全规定使用、储存或销售易燃易爆危险品
	(2) 人员密集场所的居住场所采用彩钢夹芯板搭建，且彩钢夹芯板芯材的燃烧性能等级低于 A 级

核心考点 3-8-2　重大火灾隐患综合判定

项目	判定方向	判 定 内 容
重大火灾隐患综合判定要素	7.1 总平面布置	7.1.1 未按规定要求设置消防车道或消防车道被堵塞、占用。 7.1.2 建筑之间的既有防火间距被占用或小于规定值的 80%，明火和散发火花地点与易燃易爆生产厂房、装置设备之间的防火间距小于规定值。 7.1.3 在厂房、库房、商场中设置员工宿舍，或是在居住等民用建筑中从事生产、储存、经营等活动，且不符合规定。 7.1.4 地下车站的站厅乘客疏散区、站台及疏散通道内设置商业经营活动场所
	7.2 防火分隔	7.2.1 原有防火分区被改变并导致实际防火分区的建筑面积大于规定值的 50%。 7.2.2 防火门、防火卷帘等防火分隔设施损坏的数量大于该防火分区相应防火分隔设施总数的 50%。 7.2.3 丙、丁、戊类厂房内有火灾或爆炸危险的部位未采取防火分隔等防火防爆技术措施
	7.3 安全疏散设施及灭火救援条件	7.3.1 建筑内的避难走道、避难间、避难层的设置不符合规定，或避难走道、避难间、避难层被占用。 7.3.2 人员密集场所内疏散楼梯间的设置形式不符合规定 7.3.3 除公共娱乐场所、商店、地下人员密集场所以外的其他场所或建筑物的安全出口数量或宽度不符合规定，或既有安全出口被封堵。 7.3.4 建筑物应设置独立的安全出口或疏散楼梯而未设置。 7.3.5 商店营业厅内的疏散距离大于规定值的 125%。 7.3.6 高层建筑和地下建筑未按规定设置疏散指示标志、应急照明，或所设置设施的损坏率大于规定要求设置数量的 30%；其他建筑未按规定设置疏散指示标志、应急照明，或所设置设施的损坏率大于规定要求设置数量的 50%。 7.3.7 设有人员密集场所的高层建筑的封闭楼梯间或防烟楼梯间的门的损坏率超过其设置总数的 20%，其他建筑的封闭楼梯间或防烟楼梯间的门的损坏率大于其设置总数的 50%。 7.3.8 人员密集场所内疏散走道、疏散楼梯间、前室的室内装修材料的燃烧性能不符合 GB 50222 的规定。 7.3.9 人员密集场所的疏散走道、楼梯间、疏散门或安全出口设置栅栏、卷帘门。 7.3.10 人员密集场所的外窗被封堵或被广告牌等遮挡。 7.3.11 高层建筑的消防车道、救援场地设置不符合要求或被占用，影响火灾扑救。 7.3.12 消防电梯无法正常运行
	7.4 消防给水及灭火设施	7.4.1 未按规定设置消防水源、储存泡沫液等灭火剂。 7.4.2 未按规定设置室外消防给水系统，或已设置但不符合规定或不能正常使用。 7.4.3 未按规定设置室内消火栓系统，或已设置但不符合规定或不能正常使用。 7.4.4 除旅馆、公共娱乐场所、商店、地下人员密集场所外，其他场所未按规定设置自动喷水灭火系统。 7.4.5 未按规定设置除自动喷水灭火系统外的其他固定灭火设施。 7.4.6 已设置的自动喷水灭火系统或其他固定灭火设施不能正常使用或运行

续表

项目	判定方向	判 定 内 容
重大火灾隐患综合判定要素	7.5 防烟排烟设施	人员密集场所、高层建筑和地下建筑未按规定设置防烟、排烟设施，或已设置但不能正常使用或运行
	7.6 消防供电	7.6.1 消防用电设备的供电负荷级别不符合规定。 7.6.2 消防用电设备未按规定采用专用的供电回路。 7.6.3 未按规定设置消防用电设备末端自动切换装置，或已设置但不符合规定或不能正常自动切换
	7.7 火灾自动报警系统	7.7.1 除旅馆、公共娱乐场所、商店、其他地下人员密集场所以外的其他场所未按规定设置火灾自动报警系统。 7.7.2 火灾自动报警系统不能正常运行。 7.7.3 防烟排烟系统、消防水泵以及其他自动消防设施不能正常联动控制
	7.8 消防安全管理	7.8.1 社会单位未按要求设置专职消防队。 7.8.2 消防控制室操作人员未持证上岗
重大火灾隐患综合判定要素	7.9 其他	7.9.1 生产、储存场所的建筑耐火等级与其生产、储存物品的火灾危险性类别不相匹配，违反规定。 7.9.2 生产、储存、装卸和经营易燃易爆危险品的场所或有粉尘爆炸危险场所未按规定设置防爆电气设备和泄压设施，或防爆电气设备和泄压设施失效。 7.9.3 违反规定使用燃油、燃气设备，或燃油、燃气管道敷设和紧急切断装置不符合规定。 7.9.4 违反规定在可燃材料或可燃构件上直接敷设电气线路或安装电气设备，或采用不符合规定的消防配电线缆和其他供配电线缆。 7.9.5 违反规定在人员密集场所使用易燃、可燃材料装修、装饰。

项目	场所	判定内容	判定项
重大火灾隐患综合判定规则	人员密集场所	① 重大火灾隐患综合判定要素 7.3.1～7.3.9 和 7.5、7.9.3	≥3 条
		② 全部重大火灾隐患综合判定要素	≥4 条
	易燃易爆化学物品场所	① 重大火灾隐患综合判定要素 7.1.1～7.1.3、7.4.5 和 7.4.6	≥3 条
		② 全部重大火灾隐患综合判定要素	≥4 条
	重要场所	全部重大火灾隐患综合判定要素	≥4 条
	其他场所	全部重大火灾隐患综合判定要素	≥6 条

9. 大型商业综合体消防安全管理存在的问题有哪些？

核心考点 3-9-1　大型商业综合体消防安全责任

大型商业综合体	已建成并投入使用且建筑面积≥5 万 m^2 的商业综合体	
单位消防安全责任	（1）大型商业综合体的产权单位、使用单位应当明确消防安全责任人、消防安全管理人，设立消防安全工作归口管理部门，建立健全消防安全管理制度，逐级细化明确消防安全管理职责和岗位职责。 （2）消防安全责任人应当由产权单位、使用单位的法定代表人或主要负责人担任。 （3）大型商业综合体有两个以上产权单位、使用单位的，各单位对其专有部分的消防安全负责，对共有部分的消防安全共同负责	
人员消防安全职责	消防安全责任人	建立消防安全工作例会制度，定期召开消防安全工作例会，研究本单位消防工作，处理涉及消防经费投入、消防设施和器材购置、火灾隐患整改等重大问题，研究、部署、落实本单位消防安全工作计划和措施
	消防安全管理人	（1）应当具备与其职责相适应的消防安全知识和管理能力，取得注册消防工程师执业资格或者工程类中级以上专业技术职称。 （2）建立消防档案，确定本单位的消防安全重点部位，设置消防安全标识。 （3）组织本单位员工开展消防知识、技能的教育和培训，拟订灭火和应急疏散预案，组织灭火和应急疏散预案的实施和演练

核心考点 3-9-2　大型商业综合体的安全疏散与避难逃生管理

安全疏散与避难逃生管理	疏散指示标志设置	建筑内应当采用灯光疏散指示标志，不得采用蓄光型指示标志替代灯光疏散指示标志，不得采用可变换方向的疏散指示标志
	可燃物要求	除休息座椅外，有顶棚的步行街上、中庭内、自动扶梯下方严禁设置店铺、摊位、游乐设施，严禁堆放可燃物
	人员数量控制	（1）举办展览、展销、演出等活动时，应当事先根据场所的疏散能力核定容纳人数，活动期间应当对人数进行控制，采取防止超员的措施。 （2）主要出入口、人员易聚集的部位应当安装客流监控设备，除公共娱乐场所、营业厅和展览厅外，各使用场所应当设置允许容纳使用人数的标识
	疏散通道设置	（1）营业厅内主要疏散通道应当直通安全出口。 （2）柜台和货架不得占用疏散通道的设计疏散宽度或阻挡疏散路线。 （3）疏散通道的地面上应当设置明显的疏散指示标识。 （4）营业厅内任一点至最近安全出口或疏散门的直线距离不得超过 37.5 m，且行走距离不得超过 45 m。 （5）营业厅的安全疏散路线不得穿越仓储、办公等功能用房
	疏散引导设置	大型商业综合体各防火分区或楼层应当设置疏散引导箱，配备过滤式消防自救呼吸器、瓶装水、毛巾、哨子、发光指挥棒、疏散用手电筒等疏散引导用品，明确各防火分区或楼层区域的疏散引导员

核心考点 3-9-3 大型商业综合体的消防安全重点部位管理

消防安全重点部位管理	餐饮场所	(1) 餐饮场所宜集中布置在同一楼层或同一楼层的集中区域。 (2) 餐饮场所严禁使用液化石油气及甲、乙类液体燃料。 (3) 餐饮场所使用天然气作燃料时，应当采用管道供气。设置在地下且建筑面积大于 150 m^2 或座位数大于 75 座的餐饮场所不得使用燃气。 (4) 不得在餐饮场所的用餐区域使用明火加工食品，开放式食品加工区应当采用电加热设施。 (5) 厨房区域应当靠外墙布置，并应采用耐火极限不低于 2 h 的隔墙与其他部位分隔。 (6) 厨房内应当设置可燃气体探测报警装置，排油烟罩及烹饪部位应当设置能够联动切断燃气输送管道的自动灭火装置，并能够将报警信号反馈至消防控制室。 (7) 厨房的油烟管道应当至少每季度清洗一次
	其他重点部位	(1) 电影院在电影放映前，应当播放消防宣传片，告知观众防火注意事项、火灾逃生知识和路线。 (2) 宾馆的客房内应当配备应急手电筒、防烟面具等逃生器材及使用说明，客房内应当设置醒目、耐久的“请勿卧床吸烟”提示牌，客房内的窗帘和地毯应当采用阻燃制品。 (3) 仓储场所不得采用金属夹芯板搭建，内部不得设置员工宿舍，物品入库前应当有专人负责检查，核对物品种类和性质，物品应分类分垛储存。 (4) 柴油发电机房内的柴油发电机应当定期维护保养，每月至少启动试验一次，确保应急情况下正常使用

核心考点 3-9-4 大型商业综合体消防安全管理中的频次

防火巡查检查和火灾隐患整改	(1) 大型商业综合体的产权单位、使用单位和委托管理单位应当定期组织开展消防联合检查，每月应至少进行一次建筑消防设施单项检查，每半年应至少进行一次建筑消防设施联动检查。 (2) 大型商业综合体应当明确建筑消防设施和器材巡查部位和内容，每日进行防火巡查，其中旅馆、商店、餐饮店、公共娱乐场所、儿童活动场所等公众聚集场所在营业时间，应至少每 2 h 巡查一次，并结合实际组织夜间防火巡查。防火巡查应当采用电子巡更设备
消防安全宣传教育和培训	(1) 大型商业综合体产权单位、使用单位和委托管理单位的消防安全责任人、消防安全管理人以及消防安全工作归口管理部门的负责人应当至少每半年接受一次消防安全教育培训，培训内容应当至少包括建筑整体情况，单位人员组织架构、灭火和应急疏散指挥架构，单位消防安全管理制度、灭火和应急疏散预案等。 (2) 从业员工应当进行上岗前消防培训，在职期间应当至少每半年接受一次消防培训。 (3) 专职消防队员、志愿消防队员、保安人员应当掌握基本的消防安全知识和灭火基本技能，且至少每半年接受一次消防安全教育培训

续表

灭火和应急疏散预案编制和演练	(1) 总建筑面积>10 万 m^2 的大型商业综合体，应当根据需要邀请专家团队对灭火和应急疏散预案进行评估、论证。 (2) 灭火和应急疏散预案应当至少包括下列内容：单位或建筑的基本情况、重点部位及火灾危险分析；明确火灾现场通信联络、灭火、疏散、救护、保卫等任务的负责人；火警处置程序；应急疏散的组织程序和措施；扑救初起火灾的程序和措施；通信联络、安全防护和人员救护的组织与调度程序和保障措施；灭火应急救援的准备。 (3) 大型商业综合体的产权单位、使用单位和委托管理单位应当根据灭火和应急疏散预案，至少每半年组织开展一次消防演练。 (4) 消防演练方案宜报告当地消防救援机构，接受相应的业务指导。总建筑面积>10 万㎡的大型商业综合体，应当每年与当地消防救援机构联合开展消防演练

核心考点 3-9-5　大型商业综合体的专兼职消防队伍建设和管理

专兼职消防队伍建设和管理	队伍建设	(1) 建筑面积>50 万 m^2 的大型商业综合体应当设置单位专职消防队。 (2) 未建立单位专职消防队的大型商业综合体应当组建志愿消防队，并以“3 min 到场”扑救初起火灾为目标，依托志愿消防队建立微型消防站。微型消防站每班（组）灭火处置人员不应少于 6 人，且不得由消防控制室值班人员兼任
	队伍日常管理	(1) 专职消防队和微型消防站应当制定并落实岗位培训、队伍管理、防火巡查、值守联动、考核评价等管理制度，确保值守人员 24 h 在岗在位，做好应急出动准备。 (2) 专职消防队和微型消防站应当组织开展日常业务训练。训练内容包括体能训练、灭火器材和个人防护器材的使用等。微型消防站队员每月技能训练不少于半天，每年轮训不少于 4 d，岗位练兵累计不少于 7 d
	微型消防站设置	(1) 微型消防站宜设置在建筑内便于操作消防车和便于队员出入部位的专用房间内，可与消防控制室合用。为大型商业综合体建筑整体服务的微型消防站用房应当设置在建筑的首层或地下一层，为特定功能场所服务的微型消防站可根据其服务场所位置进行设置。 (2) 大型商业综合体的建筑面积≥20 万 m^2 时，应当至少设置 2 个微型消防站。从各微型消防站站长中确定一名总站长，负责总体协调指挥

案例四　消防给水与消火栓系统分析

1. 消防水源的设计是否存在问题?
2. 消防泵房的设计存在哪些问题?
3. 分区给水系统的设计存在哪些问题?
4. 管道试压、系统配置存在哪些问题?
5. 组件调试与系统的功能验收包括哪些内容?
6. 系统故障的原因分析。
7. 灭火器配置设计、维护保养是否符合要求?

1. 消防水源的设计是否存在问题？

核心考点 4-1-1　　消防水池容积

<table>
<tr><td>消防水池容积</td><td>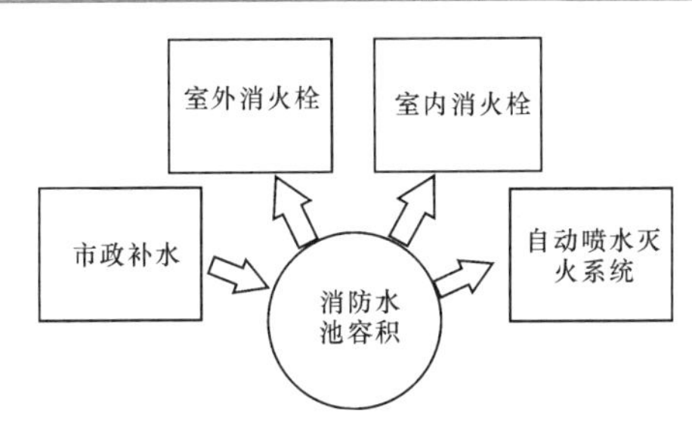

(1) 消防水池容量 V=（室外消防用水量+室内消防用水量）×消火栓系统火灾延续时间+自动喷水灭火系统用水量×自动喷水灭火系统火灾延续时间-补水容积。
(2) 当消防水池采用两路消防供水且在火灾情况下连续补水能满足消防要求时，消防水池的有效容积应根据计算确定，但不应小于 100 m^3，当仅设有消火栓系统时不应小于 50 m^3。
(3) 一起火灾灭火所需消防用水的设计流量应由建筑的室外消火栓系统、室内消火栓系统、自动喷水灭火系统、泡沫灭火系统、水喷雾灭火系统、固定消防炮灭火系统、固定冷却水系统等需要同时作用的各种水灭火系统的设计流量组成，并应符合下列规定：
① 应按需要同时作用的各种水灭火系统最大设计流量之和确定；
② 两座及以上建筑合用消防给水系统时，应按其中一座设计流量最大者确定</td></tr>
<tr><td>火灾延续时间</td><td>
<table>
<tr><th colspan="3">建筑</th><th>场所与火灾危险性</th><th>火灾延续时间/h</th></tr>
<tr><td rowspan="6">建筑物</td><td rowspan="4">工业建筑</td><td rowspan="2">仓库</td><td>甲、乙、丙类仓库</td><td>3.0</td></tr>
<tr><td>丁、戊类仓库</td><td>2.0</td></tr>
<tr><td rowspan="2">厂房</td><td>甲、乙、丙类厂房</td><td>3.0</td></tr>
<tr><td>丁、戊类厂房</td><td>2.0</td></tr>
<tr><td rowspan="2">民用建筑</td><td>公共建筑</td><td>高层建筑中的商业楼、展览楼、综合楼，建筑高度大于 50 m 的财贸金融楼、图书馆、书库、重要的档案楼、科研楼和高级宾馆等</td><td>3.0</td></tr>
<tr><td>住宅</td><td>其他公共建筑</td><td>2.0</td></tr>
</table>
</td></tr>
</table>

核心考点 4-1-2　　消防水池设置

设置要求	(1) 消防水池的总蓄水有效容积大于 500 m^3 时，宜设两格能独立使用的消防水池；当大于 1 000 m^3 时，应设置能独立使用的两座消防水池。 (2) 每格（或座）消防水池应设置独立的出水管，并应设置满足最低有效水位的连通管，且其管径应能满足消防给水设计流量的要求

续表

设置要求	（3）消防水池的给水管应根据其有效容积和补水时间确定，补水时间不宜大于 48 h，但当消防水池有效总容积大于 2 000 m^3 时，不应大于 96 h。消防水池进水管管径应计算确定，且不应小于 DN100
出水与排水	（1）消防水池的出水管应保证消防水池的有效容积能被全部利用。 （2）消防水池应设置就地水位显示装置，并应在消防控制中心或值班室等地点设置显示消防水池水位的装置，同时应有最高和最低报警水位。 （3）消防水池应设置溢流水管和排水设施，并应采用间接排水

核心考点 4-1-3　消防水箱设置

进水管与出水管	（1）进水管的管径应满足消防水箱 8 h 充满水的要求，但管径不应小于 DN32，进水管宜设置液位阀或浮球阀。 （2）进水管应在溢流水位以上接入，进水管口的最低点高出溢流边缘的高度应等于进水管管径，但最小不应小于 100 mm，最大不应大于 150 mm。 （3）当进水管为淹没出流时，应在进水管上设置防止倒流的措施或在管道上设置虹吸破坏孔和真空破坏器，虹吸破坏孔的孔径不宜小于管径的 1/5，且不应小于 25 mm。但当采用生活给水系统补水时，进水管不应淹没出流。 （4）溢流管的直径不应小于进水管直径的 2 倍，且不应小于 DN100，溢流管的喇叭口直径不应小于溢流管直径的 1.5~2.5 倍。 （5）高位消防水箱出水管管径应满足消防给水设计流量的出水要求，且不应小于 DN100。 （6）高位消防水箱出水管应位于高位消防水箱最低水位以下，并应设置防止消防用水进入高位消防水箱的止回阀

核心考点 4-1-4　高位水箱容积与静压

建筑性质	建筑高度/m	有效容积/m^3	最不利点静水压/MPa
一类高层公共建筑	—	≥36	≥0.10
	>100	≥50	≥0.15
	>150	≥100	
多层公共建筑、二类高层公共建筑、一类高层住宅	—	≥18	≥0.07
	—	≥36	
二类高层住宅	—	≥12	
商店建筑（$10\ 000\ m^2<S<30\ 000\ m^2$）	—	≥36	
商店建筑（$S>30\ 000\ m^2$）	—	≥50	

2. 消防泵房的设计存在哪些问题？

核心考点 4-2-1　消防水泵选型

一般要求	(1) 消防水泵所配驱动器的功率应满足所选水泵流量扬程性能曲线上任何一点运行所需功率的要求。 (2) 当采用电动机驱动的消防水泵时，应选择电动机干式安装的消防水泵。 (3) 流量扬程性能曲线应为无驼峰、无拐点的光滑曲线，零流量时的压力不应大于设计工作压力的 140%，且宜大于设计工作压力的 120%。 (4) 当出流量为设计流量的 150%时，其出口压力不应低于设计工作压力的 65%。 (5) 泵轴的密封方式和材料应满足消防水泵在低流量时运转的要求。 (6) 消防给水同一泵组的消防水泵型号宜一致，且工作泵不宜超过 3 台

核心考点 4-2-2　消防水泵管路布置

吸水口	(1) 消防水泵应采取自灌式吸水。 (2) 消防水泵从市政管网直接抽水时，应在消防水泵出水管上设置有空气隔断的倒流防止器。 (3) 当吸水口处无吸水井时，吸水口处应设置旋流防止器
吸水管	(1) 一组消防水泵，吸水管不应少于两条，当其中一条损坏或检修时，其余吸水管应仍能通过全部消防给水设计流量。 (2) 消防水泵吸水管布置应避免形成气囊。 (3) 一组消防水泵应设不少于两条的输水干管与消防给水环状管网连接，当其中一条输水管检修时，其余输水管应仍能供应全部消防给水设计流量。 (4) 消防水泵吸水口的淹没深度应满足消防水泵在最低水位运行安全的要求，吸水管喇叭口在消防水池最低有效水位下的淹没深度应根据吸水管喇叭口的水流速度和水力条件确定，但不应小于 600 mm，当采用旋流防止器时，淹没深度不应小于 200 mm。 (5) 消防水泵吸水管可设置管道过滤器，管道过滤器的过水面积应大于管道过水面积的 4 倍，且孔径不宜小于 3 mm
出水管	消防水泵的出水管上应设止回阀、明杆闸阀；当采用蝶阀时，应带有自锁装置；当管径大于 DN300 时，宜设置电动阀门；
附件	消防水泵吸水管和出水管上应设置压力表，并应符合下列规定： (1) 消防水泵出水管压力表的最大量程不应低于其设计工作压力的 2 倍，且不应低于 1.60 MPa。 (2) 消防水泵吸水管宜设置真空表、压力表或真空压力表，压力表的最大量程应根据工程具体情况确定，但不应低于 0.70 MPa，真空表的最大量程宜为-0.10 MPa。 (3) 压力表的直径不应小于 100 mm，应采用直径不小于 6 mm 的管道与消防水泵进出口管相接，并应设置关断阀门

续表

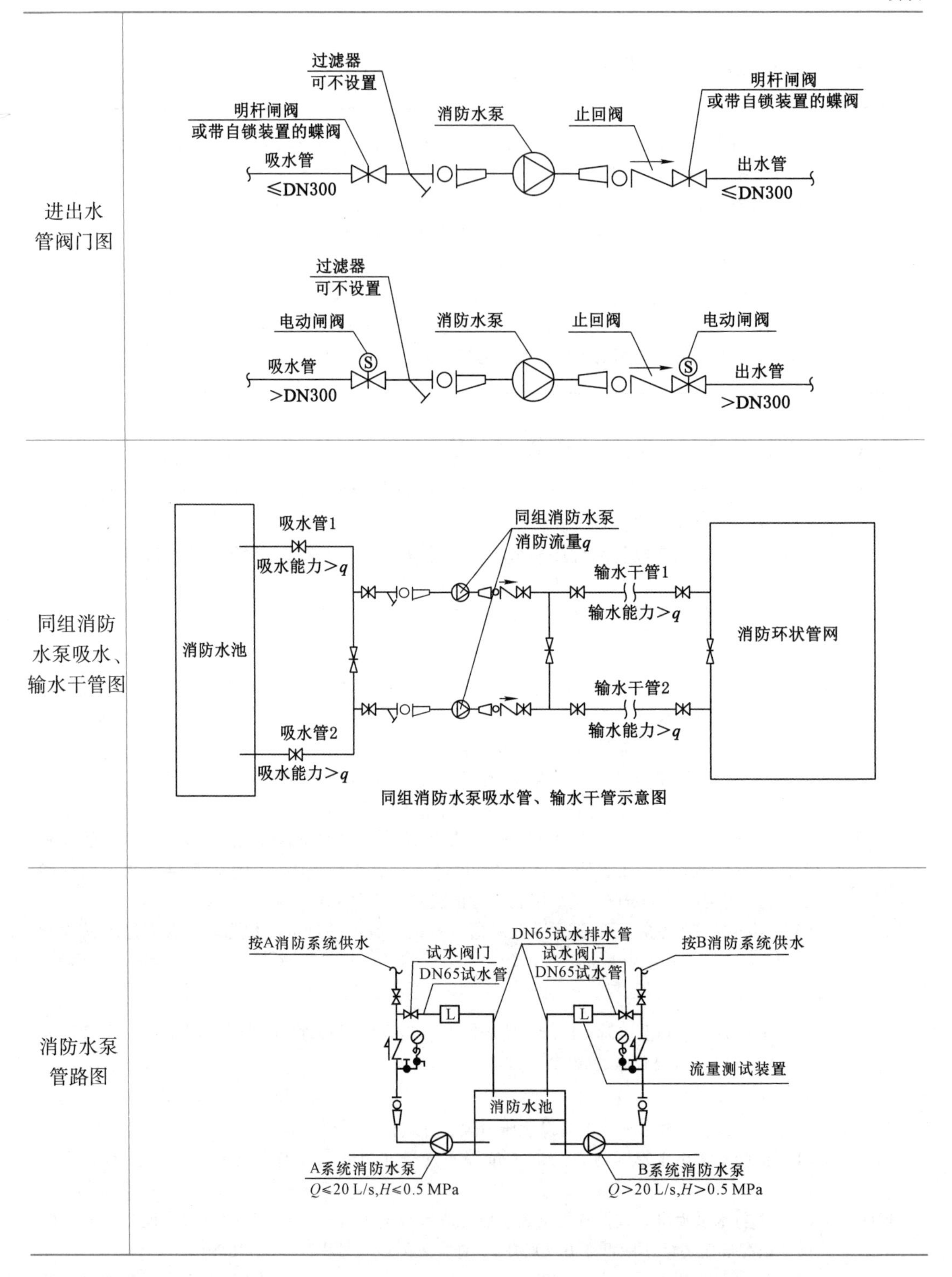

进出水管阀门图
过滤器
可不设置
明杆闸阀
或带自锁装置的蝶阀
消防水泵
止回阀
明杆闸阀
或带自锁装置的蝶阀
吸水管
≤DN300
出水管
≤DN300
过滤器
可不设置
电动闸阀
消防水泵
止回阀
电动闸阀
吸水管
>DN300
出水管
>DN300
同组消防水泵吸水、输水干管图
吸水管1
吸水能力>q
同组消防水泵
消防流量q
输水干管1
输水能力>q
消防水池
消防环状管网
输水干管2
输水能力>q
吸水管2
吸水能力>q
同组消防水泵吸水管、输水干管示意图
消防水泵管路图
按A消防系统供水
试水阀门
DN65试水管
DN65试水排水管
试水阀门
DN65试水管
按B消防系统供水
流量测试装置
消防水池
A系统消防水泵
Q≤20 L/s,H≤0.5 MPa
B系统消防水泵
Q>20 L/s,H>0.5 MPa

3. 分区给水系统的设计存在哪些问题？

核心考点 4-3-1　分区供水

<table>
<tr><td>设置条件</td><td>（1）符合下列条件时，消防给水系统应分区供水：
① 系统工作压力大于 2.40 MPa；
② 消火栓栓口处静压大于 1.0 MPa；
③ 自动水灭火系统报警阀处的工作压力大于 1.60 MPa 或喷头处的工作压力大于 1.20 MPa。
（2）分区供水形式可采用消防水泵并行或串联、减压水箱和减压阀减压的形式，但当系统的工作压力大于 2.40 MPa 时，应采用消防水泵串联或减压水箱分区供水形式</td></tr>
<tr><td>消防水泵串联供水方式</td><td>（1）当采用消防水泵转输水箱串联时，转输水箱的有效储水容积不应小于 60 m^3，转输水箱可作为高位消防水箱。
（2）串联转输水箱的溢流管宜连接到消防水池。
（3）当采用消防水泵直接串联时，应采取确保供水可靠性的措施，且消防水泵从低区到高区应能依次顺序启动。
（4）当采用消防水泵直接串联时，应校核系统供水压力，并应在串联消防水泵出水管上设置减压型倒流防止器</td></tr>
<tr><td>消防水泵—转输水箱串联供水方式示意图</td><td>
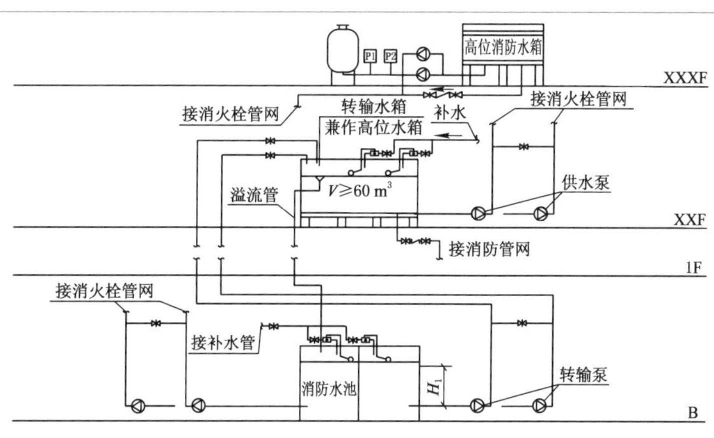

高层建筑水泵—转输水箱串联供水系统示意图
</td></tr>
<tr><td>消防水泵直接串联供水方式示意图</td><td>
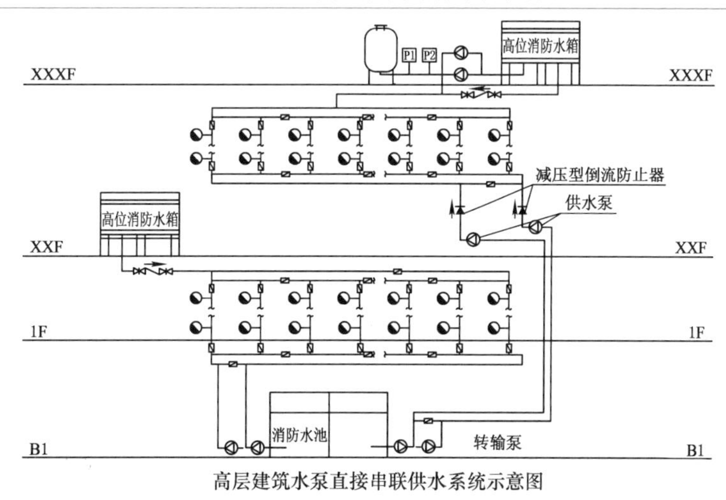

高层建筑水泵直接串联供水系统示意图
</td></tr>
</table>

续表

减压阀减压分区供水	(1) 减压阀应根据消防给水设计流量和压力选择，且设计流量应在减压阀流量压力特性曲线的有效段内，并校核在150%设计流量时，减压阀的出口动压不应小于设计值的65%。 (2) 每一供水分区应设不少于两组减压阀组，每组减压阀组宜设置备用减压阀。 (3) 减压阀仅应设置在单向流动的供水管上，不应设置在有双向流动的输水干管上。 (4) 减压阀宜采用比例式减压阀，当超过1.20 MPa时，宜采用先导式减压阀。 (5) 减压阀的阀前阀后压力比值不宜大于3∶1，当一级减压阀减压不能满足要求时，可采用减压阀串联减压，但串联减压不应大于两级，第二级减压阀宜采用先导式减压阀，阀前后压力差不宜超过0.40 MPa
减压阀减压分区供水示意图	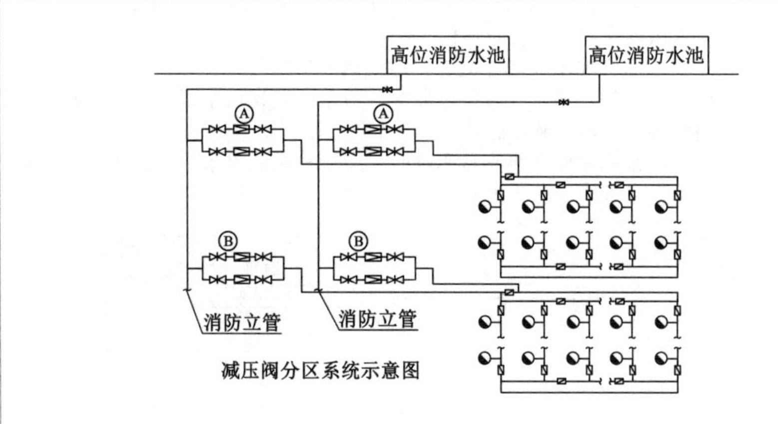 减压阀分区系统示意图 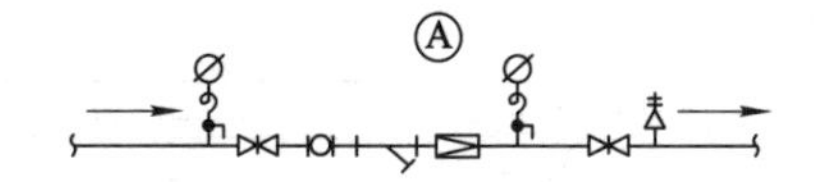 减压阀组安装示意图 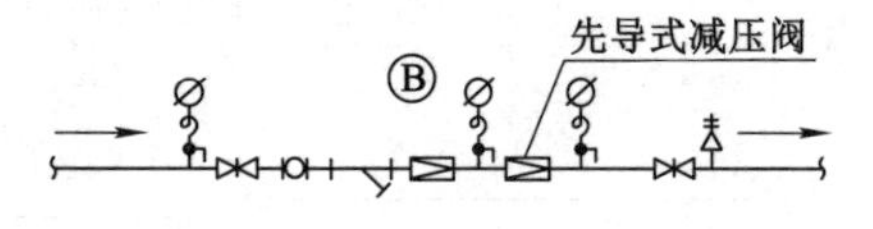 串联减压阀组安装示意图
减压水箱减压分区供水	(1) 减压水箱的有效容积不应小于18 m^3，且宜分为两格。 (2) 减压水箱应有两条进、出水管，且每条进、出水管应满足消防给水系统所需消防用水量的要求。 (3) 减压水箱进水管的水位控制应可靠，宜采用水位控制阀。 (4) 减压水箱进水管应设置防冲击和溢水的技术措施，并宜在进水管上设置紧急关闭阀门，溢流水宜回流到消防水池

续表

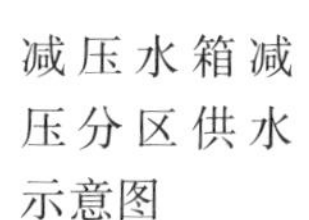 减压水箱减压分区供水示意图	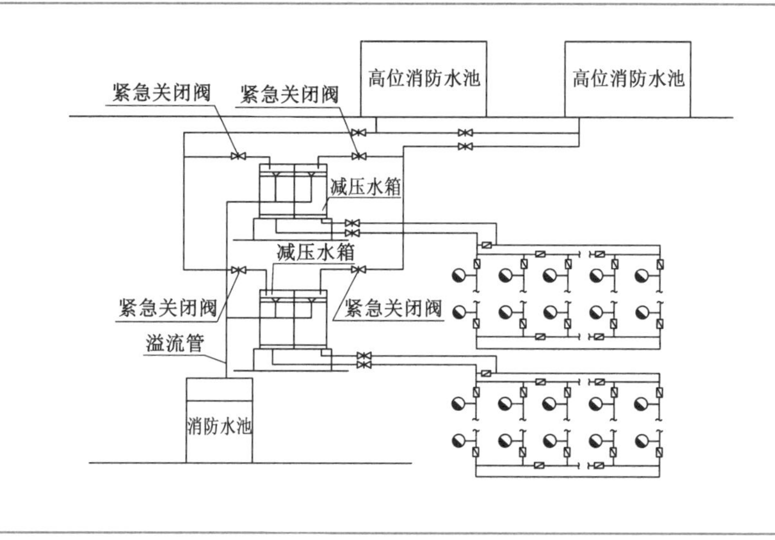

4. 管道试压、系统配置存在哪些问题？

核心考点 4-4-1　消防给水系统与自动喷水系统管道试压程序

一、消防给水及消火栓（消防给水与湿式消火栓）

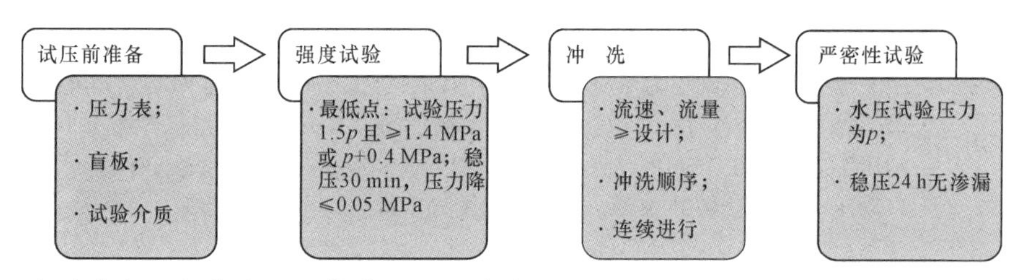

二、自动喷水灭火系统（湿式系统、雨淋系统）

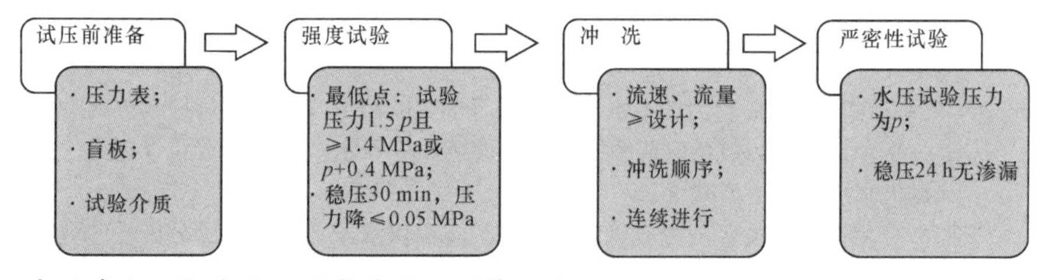

三、自动喷水灭火系统（干式系统、预作用系统）

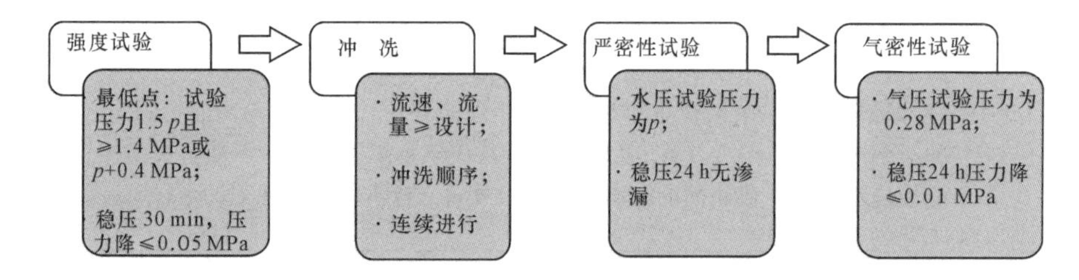

核心考点 4-4-2 消火栓系统配置设计

室内消火栓组件配置	(1) 应采用 DN65 室内消火栓，并可与消防软管卷盘或轻便水龙设置在同一箱体内。 (2) 应配置公称直径 65 mm 有内衬里的消防水带，长度不宜超过 25.0 m；消防软管卷盘应配置内径不小于 19 mm 的消防软管，其长度宜为 30.0 m。 (3) 宜配置当量喷嘴直径 16 mm 或 19 mm 的消防水枪。 (4) 人员密集的公共建筑、建筑高度大于 100 m 的建筑和建筑面积大于 200 m^2的商业服务网点内应设置消防软管卷盘或轻便消防水龙
室内消火栓设置要求	(1) 设置室内消火栓的建筑，包括设备层在内的各层均应设置消火栓。 (2) 消防电梯前室应设置室内消火栓，并应计入消火栓使用数量。 (3) 室内消火栓的布置应满足同一平面有 2 支消防水枪的 2 股充实水柱同时达到任何部位的要求，但建筑高度小于或等于 24.0 m 且体积小于或等于 5 000 m^3 的多层仓库、建筑高度小于或等于 54 m 且每单元设置一部疏散楼梯的住宅，可采用 1 支消防水枪的 1 股充实水柱到达室内任何部位。 (4) 室内消火栓宜按直线距离计算其布置间距，并应符合下列规定： ① 消火栓按 2 支消防水枪的 2 股充实水柱布置的建筑物，消火栓的布置间距不应大于 30.0 m； ② 消火栓按 1 支消防水枪的 1 股充实水柱布置的建筑物，消火栓的布置间距不应大于 50.0 m
消火栓压力	(1) 消火栓栓口动压力不应大于 0.50 MPa，当大于 0.70 MPa 时必须设置减压装置。 (2) 高层建筑、厂房、库房和室内净空高度超过 8 m 的民用建筑等场所，消火栓栓口动压不应小于 0.35 MPa，且消防水枪充实水柱应按 13 m 计算；其他场所，消火栓栓口动压不应小于 0.25 MPa，且消防水枪充实水柱应按 10 m 计算

核心考点 4-4-3 水泵接合器设置

设置要求	(1) 消防水泵接合器的给水流量宜按每个 10~15 L/s 计算。每种水灭火系统的消防水泵接合器设置的数量应按系统设计流量经计算确定，但当计算数量超过 3 个时，可根据供水可靠性适当减少。 (2) 消防给水为竖向分区供水时，在消防车供水压力范围内的分区，应分别设置水泵接合器；当建筑高度超过消防车供水高度时，消防给水应在设备层等方便操作的地点设置手抬泵或移动泵接力供水的吸水和加压接口。 (3) 水泵接合器应设在室外便于消防车使用的地点，且距室外消火栓或消防水池的距离不宜小于 15 m，并不宜大于 40 m。 (4) 墙壁消防水泵接合器的安装高度距地面宜为 0.70 m；与墙面上的门、窗、孔、洞的净距离不应小于 2.0 m，且不应安装在玻璃幕墙下方；地下消防水泵接合器的安装，应使进水口与井盖底面的距离不大于 0.4 m，且不应小于井盖的半径

5. 组件调试与系统的功能验收包括哪些内容？

核心考点 4-5-1　消火栓系统调试内容

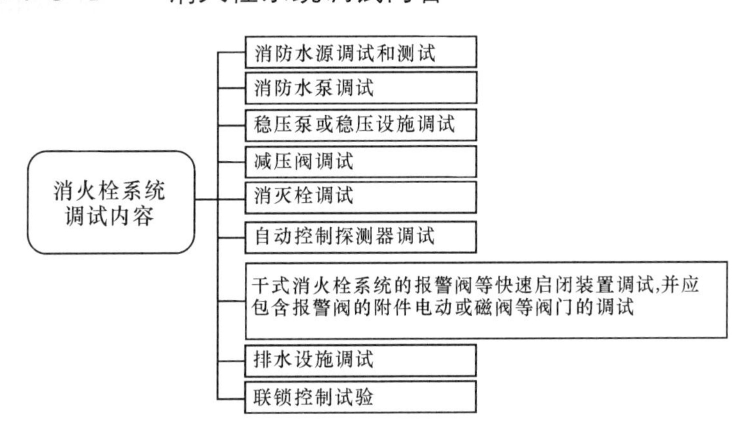

核心考点 4-5-2　组件设备调试检测

水泵调试	(1) 以自动直接启动或手动直接启动消防水泵时，消防水泵应在 55 s 内投入正常运行，且应无不良噪声和振动。 (2) 以备用电源切换方式或备用泵切换启动消防水泵时，消防水泵应分别在 1 min 或 2 min 内投入正常运行。 (3) 消防水泵安装后应进行现场性能测试，其性能应与生产厂商提供的数据相符，并应满足消防给水设计流量和压力的要求。 (4) 消防水泵零流量时的压力不应超过设计工作压力的 140%；当出流量为设计工作流量的 150%时，其出口压力不应低于设计工作压力的 65%
稳压泵调试	(1) 稳压泵启停应达到设计压力要求。 (2) 能满足系统自动启动要求，且当消防主泵启动时，稳压泵应停止运行。 (3) 稳压泵在正常工作时每小时的启停次数应符合设计要求，且不应大于 15 次/h
消火栓系统检测验收	(1) 试验消火栓动作时，应检测消防水泵从接到启泵信号到水泵正常运转的自动启动时间不应大于 2 min。 (2) 试验消火栓动作时，应测试其出流量、压力和充实水柱的长度；并应根据消防水泵的性能曲线核实消防水泵供水能力。 (3) 应检查旋转型消火栓的性能能否满足其性能要求。 (4) 应采用专用检测工具，测试减压稳压型消火栓的阀后动静压是否满足设计要求。 (5) 消防给水系统的试验管放水时，管网压力应持续降低，消防水泵出水干管上压力开关应能自动启动消防水泵；消防给水系统的试验管放水或高位消防水箱排水管放水时，高位消防水箱出水管上的流量开关应动作，且应能自动启动消防水泵

6. 系统故障的原因分析。

核心考点 4-6-1　消防水泵控制

消防水泵要求	(1) 消防水泵控制柜在平时应使消防水泵处于自动启泵状态。 (2) 消防水泵不应设置自动停泵的控制功能，停泵应由具有管理权限的工作人员根据火灾扑救情况确定。 (3) 消防水泵应确保从接到启泵信号到水泵正常运转的自动启动时间不应大于 2 min 。 (4) 消防水泵应能手动启停和自动启动。 (5) 消防控制室或值班室，应具有下列控制和显示功能： ① 消防控制柜或控制盘应设置专用线路连接的手动直接启泵按钮； ② 消防控制柜或控制盘应能显示消防水泵和稳压泵的运行状态； ③ 消防控制柜或控制盘应能显示消防水池、高位消防水箱等水源的高水位、低水位报警信号，以及正常水位。 (6) 消防水泵、稳压泵应设置就地强制启停泵按钮，并应有保护装置
消防水泵控制柜要求	(1) 消防水泵控制柜设置在专用消防水泵控制室时，其防护等级不应低于 IP30；与消防水泵设置在同一空间时，其防护等级不应低于 IP55。 (2) 消防水泵控制柜应采取防止被水淹没的措施。 (3) 当消防给水分区供水采用转输消防水泵时，转输消防水泵宜在消防水泵启动后再启动；当消防给水分区供水采用串联消防水泵时，上区消防水泵宜在下区消防水泵启动后再启动。 (4) 消防水泵控制柜应设置机械应急启泵功能。机械应急启动时，应确保消防水泵在报警 5.0 min 内正常工作。 (5) 消防水泵控制柜前面板的明显部位应设置紧急时打开柜门的装置。 (6) 火灾时消防水泵应工频运行，消防水泵应工频直接启泵；当功率较大时，宜采用星三角和自耦降压变压器启动，不宜采用有源器件启动

核心考点 4-6-2　消火栓泵启动

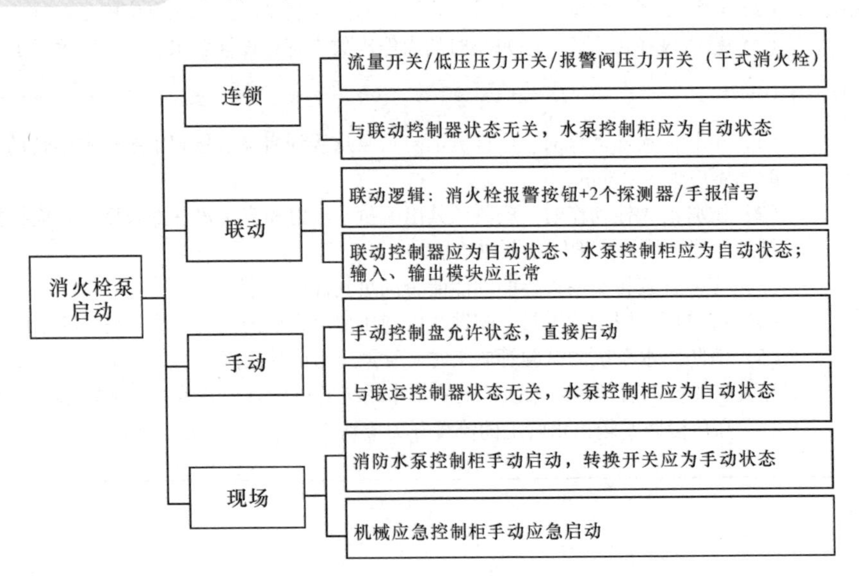

7. 灭火器配置设计、维护保养是否符合要求？

核心考点 4-7-1　灭火器配置设计

危险等级划分		
危险等级划分	严重危险级	一类高层；摄影棚；200 m^2 及以上的公共娱乐场所；50 张（间）及以上的老年、儿童用房、旅馆；汽车加油站、加气站；专用电子机房
	中危险级	二类高层；百货楼、超市；一般实验室；锅炉房、变配电室
	轻危险级	其他

最小需配灭火级别

$$Q = K\frac{S}{U}$$

式中　Q——计算单元的最小需配灭火级别（A 或 B）；

S——计算单元的保护面积，m^2；

U——A 类或 B 类火灾场所单位灭火级别最大保护面积，m^2；

K——修正系数。

计算单元	K
未设室内消火栓系统和灭火系统	1.0
设有室内消火栓系统	0.9
设有灭火系统	0.7
设有室内消火栓系统和灭火系统	0.5

注：歌舞娱乐放映游艺场所、网吧、商场、寺庙以及地下场所等的计算单元的最小需配灭火级别应在公式计算结果的基础上增加 30%

灭火器的最低配置基准

危险等级	严重危险级	中危险级	轻危险级
单具灭火器最小配置灭火级别（A）	3A	2A	1A
单位灭火级别最大保护面积/m^2	50	75	100
单具灭火器最小配置灭火级别（B）	89B	55B	21B
单位灭火级别最大保护面积/m^2	0.5	1.0	1.5

最大保护距离/m

危险等级	灭火器型式		
	火灾种类	手提式灭火器	推车式灭火器
严重危险级	A 类	15	30
中危险级		20	40
轻危险级		25	50
严重危险级	B/C 类	9	18
中危险级		12	24
轻危险级		15	30

核心考点 4-7-2 灭火器检查与维护

一般规定	每次送修的灭火器数量不得超过计算单元配置灭火器总数量的 1/4
检查	(1) 下列场所配置的灭火器，应按每半月进行一次检查。 ① 候车（机、船）室、歌舞娱乐放映游艺等人员密集的公共场所； ② 堆场、罐区、石油化工装置区、加油站、锅炉房、地下室等场所。 (2) 其余场所每个月一次检查
维修	(1) 存在机械损伤、明显锈蚀、灭火剂泄露、被开启使用过或符合其他维修条件的灭火器应及时进行维修。 (2) 手提式、推车式水基型灭火器出厂期满 3 年，首次维修以后每满 1 年。 (3) 手提式、推车式干粉灭火器、洁净气体灭火器、二氧化碳灭火器出厂期满 5 年；首次维修以后每满 2 年
报废	(1) 列入国家颁布的淘汰目录的。 (2) 达到报废年限的（水基型灭火器出厂期满 6 年；干粉灭火器、洁净气体灭火器出厂期满 10 年；二氧化碳灭火器出厂期满 12 年）。 (3) 出现严重损伤或者重大缺陷的

案例五　自动喷水灭火系统设计

1. 自动喷水灭火系统的选型是否正确？
2. 自动喷水灭火系统组件配置是否正确？
3. 自动喷水灭火系统操作与控制程序是否正确？
4. 自动喷水灭火系统故障分析。
5. 自动喷水灭火系统调试验收程序该如何做？
6. 水系统各组件的周期维护检查是否符合要求？

1. 自动喷水灭火系统的选型是否正确？

核心考点 5-1-1　自动喷水灭火系统设置场所火灾危险等级

轻危险级		住宅、幼儿园、老年人建筑，$H \leqslant 24$ m 的旅馆、办公楼；仅在走道设置闭式系统的建筑等
中危险级	Ⅰ级	高层民用建筑；公共建筑（含单多高层）：医院、疗养院；影剧院、礼堂（舞台除外）；$S<5\ 000$ m^2 的商场、$S<1\ 000$ m^2 的地下商场等
	Ⅱ级	书库、舞台、汽车库；$S \geqslant 5\ 000$ m^2 的商场、$S \geqslant 1\ 000$ m^2 的地下商场等；净空高度≤8 m且物品高度≤3.5 m 的超级市场
严重危险级	Ⅰ级	印刷厂、酒精制品、可燃液体制品等工厂
	Ⅱ级	固体易燃物品、可燃的气溶胶制品、溶剂清洗、喷涂油漆、沥青制品等工厂的备料及生产车间、摄影棚、舞台葡萄架下部
仓库危险级	Ⅰ级	木箱、纸箱包装的不燃难燃物品
	Ⅱ级	木材、纸
	Ⅲ级	A 组塑料与橡胶及其制品；沥青制品等

核心考点 5-1-2　自动喷水灭火系统选型

系统分类	系统名称	发现火灾	报警阀组	其他组件	应用场所
闭式系统	湿式系统	闭式喷头	湿式报警阀组	水流指示器、末端试水装置	环境温度不低于 4 ℃并不高于 70 ℃的环境中使用
	干式系统	闭式喷头	干式报警阀组	充气设备、水流指示器、末端试水装置	环境温度低于 4 ℃，或高于 70 ℃的场所
	单连锁预作用系统	感烟探测器+感烟探测器/手报	预作用装置	充气设备、水流指示器、末端试水装置	准工作状态时，严禁误喷的场所
	双联锁预作用系统	火灾报警系统+压力开关		充气设备、水流指示器、末端试水装置	严禁管道充水的场所和用于替代干式系统的场所
	自动喷水防护冷却系统	闭式喷头	湿式报警阀组	水流指示器	玻璃幕墙，防火分隔物冷却
开式系统	雨淋系统	感温探测器+感温探测器/手报	雨淋报警阀组	压力信号反馈装置	严重危险级Ⅱ级
	水幕系统	两个信号		压力信号反馈装置	适用于局部防火分隔处；控制防火分区处分隔物的温度

2. 自动喷水灭火系统组件配置是否正确？

核心考点 5-2-1　自动喷水灭火系统基本参数

民用建筑和厂房采用湿式系统的设计基本参数

火灾危险等级		净空高度/m	喷水强度/[L/(min · m^2)]	作用面积/m^2
轻危险级		≤8	4	160
中危险级	Ⅰ级		6	
	Ⅱ级		8	
严重危险级	Ⅰ级		12	260
	Ⅱ级		16	
备注	(1) 仅在走道设置单排闭式喷头的闭式系统，其作用面积应按最大疏散距离所对应的走道面积确定。 (2) 干式系统的作用面积按表规定值的 1.3 倍确定。 (3) 火灾自动报警系统直接控制预作用装置时，系统的作用面积应按规定值确定；采用由火灾自动报警系统和充气管道上设置的压力开关控制预作用装置时，系统的作用面积应按规定值的 1.3 倍确定。 (4) 雨淋系统每个报警阀组控制的喷水面积不宜大于对应表中的作用面积。 (5) 在装有网格、栅板类通透性吊顶的场所，系统的喷水强度应按表规定值的 1.3 倍确定。 (6) 系统最不利点处喷头的工作压力不应低于 0.05 MPa			

民用建筑和厂房高大空间场所采用湿式系统的设计基本参数

适用场所		最大净空高度/m	喷水强度/[L/(min · m^2)]	作用面积/m^2	喷头间距 S/m
民用建筑	中庭、体育馆、航站楼等	$8<h\leq12$	12	160	$1.8\leq S\leq3.0$
		$12<h\leq18$	15		
	影剧院、音乐厅、会展中心等	$8<h\leq12$	15		
		$12<h\leq18$	20		
厂房	制衣制鞋、玩具、木器、电子生产车间等	$8<h\leq12$	15		
	棉纺厂、麻纺厂、泡沫塑料生产车间等		20		

注：民用建筑高大空间最大净空高度为 $12\ m<h\leq18\ m$ 时，应采用非仓库型特殊应用喷头。

核心考点 5-2-2 自动喷水灭火系统喷头选型与设置要求

湿式系统	(1) 不做吊顶的场所，当配水支管布置在梁下时，应采用直立型洒水喷头。 (2) 吊顶下布置的洒水喷头，应采用下垂型洒水喷头或吊顶型洒水喷头。 (3) 顶板为水平面的轻危险级、中危险级Ⅰ级住宅建筑、宿舍、旅馆建筑客房、医疗建筑病房和办公室，可采用边墙型洒水喷头
干式系统、预作用系统	应采用直立型洒水喷头或干式下垂型洒水喷头
快速响应洒水喷头	(1) 公共娱乐场所、中庭环廊。 (2) 医院、疗养院的病房及治疗区域，老年、少儿、残疾人的集体活动场所。 (3) 超出消防水泵接合器供水高度的楼层。 (4) 地下商业场所。 (5) 局部应用系统、室内无车道且无人员停留的机械式汽车库
其他要求	(1) 同一隔间内应采用相同热敏性能的洒水喷头。 (2) 雨淋系统的防护区内应采用相同的洒水喷头。 (3) 自动喷水灭火系统应有备用洒水喷头，其数量不应少于总数的 1%，且每种型号均不得少于 10 只

核心考点 5-2-3 喷头设置要求

安装间距	直立型、下垂型标准覆盖面积洒水喷头的布置，包括同一根配水支管上喷头的间距及相邻配水支管的间距，应根据设置场所的火灾危险等级、洒水喷头类型和工作压力确定，并不应大于下表的规定，且不应小于 1.8 m。

火灾危险等级	正方形布置的边长/m	矩形或平行四边形布置的长边边长/m	一只喷头的最大保护面积/m^2	喷头与端墙的距离/m	
				最大	最小
轻危险级	4.4	4.5	20.0	2.2	0.1
中危险级Ⅰ级	3.6	4.0	12.5	1.8	
中危险级Ⅱ级	3.4	3.6	11.5	1.7	
严重危险级、仓库危险级	3.0	3.6	9.0	1.5	

注：(1) 设置单排洒水喷头的闭式系统，其洒水喷头间距应按地面不留漏喷空白点确定。
(2) 严重危险级或仓库危险级场所宜采用流量系数大于 80 的洒水喷头

喷头与顶板、障碍物的距离	除吊顶型洒水喷头及吊顶下设置的洒水喷头外，直立型、下垂型标准覆盖面积洒水喷头和扩大覆盖面积洒水喷头溅水盘与顶板的距离应为 75~150 mm，并应符合下列规定： (1) 当在梁或其他障碍物底面下方的平面上布置洒水喷头时，溅水盘与顶板的距离不应大于 300 mm，同时溅水盘与梁等障碍物底面的垂直距离应为 25~100 mm。 (2) 当在梁间布置洒水喷头确有困难时，溅水盘与顶板的距离不应大于 550 mm。 (3) 密肋梁板下方的洒水喷头，溅水盘与密肋梁板底面的垂直距离应为 25~100 mm

核心考点 5-2-4 自动喷水灭火系统其他组件设置要求

报警阀组	(1) 自动喷水灭火系统应设报警阀组。保护室内钢屋架等建筑构件的闭式系统，应设独立的报警阀组。水幕系统应设独立的报警阀组或感温雨淋报警阀。 (2) 串联接入湿式系统配水干管的其他自动喷水灭火系统，应分别设置独立的报警阀组，其控制的洒水喷头数计入湿式报警阀组控制的洒水喷头总数。 (3) 一个报警阀组控制的洒水喷头数应符合下列规定： ① 湿式系统、预作用系统不宜超过 800 只；干式系统不宜超过 500 只。 ② 当配水支管同时设置保护吊顶下方和上方空间的洒水喷头时，应只将数量较多一侧的洒水喷头计入报警阀组控制的洒水喷头总数。 (4) 每个报警阀组供水的最高与最低位置洒水喷头，其高程差不宜大于 50 m
水流指示器	(1) 除报警阀组控制的洒水喷头只保护不超过防火分区面积的同层场所外，每个防火分区、每个楼层均应设水流指示器。 (2) 仓库内顶板下洒水喷头与货架内置洒水喷头应分别设置水流指示器。 (3) 当水流指示器入口前设置控制阀时，应采用信号阀
末端试水装置	(1) 雨淋系统和防火分隔水幕，其水流报警装置应采用压力开关。 (2) 自动喷水灭火系统应采用压力开关控制稳压泵，并应能调节启停压力

3. 自动喷水灭火系统操作与控制程序是否正确？

核心考点 5-3-1 自动喷水灭火系统联动控制

系统名称	联动触发信号	联动控制信号	联动反馈信号
湿式和干式系统	报警阀压力开关的动作信号与该报警阀防护区域内任一火灾探测器或手动报警按钮的报警信号	启动喷淋泵	水流启动器动作信号、信号阀动作信号、压力开关动作信号、喷淋消防泵的启动信号
预作用系统（单连锁）	同一报警区域内两只及以上独立的感烟火灾探测器或一只感烟火灾探测器与一只手动火灾报警按钮的报警信号	开启预作用阀组、开启快速排气阀前电动阀	水流指示器动作信号、信号阀动作信号、压力开关动作信号、喷淋消防泵的启动信号、快速排气阀前电动阀动作信号
	报警阀压力开关的动作信号与该报警阀防护区域内任一火灾探测器或手动报警按钮的报警信号	启动喷淋泵	
预作用系统（双连锁）	由火灾自动报警系统任一火灾探测器或手动报警按钮的报警信号和充气管道上设置的压力开关两只信号	开启预作用阀组、开启快速排气阀前电动阀	水流指示器动作信号、信号阀动作信号、压力开关动作信号、喷淋消防泵的启动信号、有压气体管道气压状态信号、快速排气阀前电动阀动作信号
	报警阀压力开关的动作信号与该报警阀防护区域内任一火灾探测器或手动报警按钮的报警信号	启动喷淋泵	

续表

<table>
<tr><th colspan="2">系统名称</th><th>联动触发信号</th><th>联动控制信号</th><th>联动反馈信号</th></tr>
<tr><td colspan="2" rowspan="2">雨淋系统</td><td>同一报警区内两只及以上独立的感温火灾探测器或一只感温火灾探测器与一只手动火灾报警按钮的报警信号</td><td>开启雨淋阀组</td><td rowspan="2">水流指示器动作信号、压力开关动作信号、雨淋阀组和雨淋消防泵的启停信号</td></tr>
<tr><td>报警阀压力开关的动作信号与该报警阀防护区域内任一火灾探测器或手动报警按钮的报警信号</td><td>启动喷淋泵</td></tr>
<tr><td rowspan="4">水幕系统</td><td rowspan="2">用于防火卷帘的保护（冷却水幕）</td><td>防火卷帘下落到楼板面的动作信号与本报警阀防护区域内的任一火灾探测器或手动火灾报警按钮的报警信号</td><td>开启水幕系统控制阀组</td><td rowspan="2">压力开关动作信号、水幕系统相关控制阀组和消防泵的启停信号</td></tr>
<tr><td>报警阀压力开关的动作信号与该报警阀防护区域内任一火灾探测器或手动报警按钮的报警信号</td><td>启动喷淋泵</td></tr>
<tr><td rowspan="2">用于防火分隔（分隔水幕）</td><td>报警区域内两只独立的感温火灾探测器的火灾报警信号</td><td>开启水幕系统控制阀组</td><td rowspan="2">压力开关动作信号、水幕系统相关控制阀组和消防泵的启停信号</td></tr>
<tr><td>报警阀压力开关的动作信号与该报警阀防护区域内任一火灾探测器或手动报警按钮的报警信号</td><td>启动喷淋泵</td></tr>
</table>

4. 自动喷水灭火系统故障分析。

核心考点 5-4-1 湿式报警阀组常见故障分析、处理

故障类型	原 因 分 析
报警阀组漏水	（1）排水阀门未完全关闭。 （2）阀瓣密封垫老化或者损坏。 （3）系统侧管道接口渗漏。 （4）报警管路测试控制阀渗漏。 （5）阀瓣组件与阀座之间因变形或者污垢、杂物出现不密封状态
报警阀启动后报警管路不排水	（1）报警管路控制阀关闭。 （2）限流装置过滤网被堵塞

续表

故障类型	原因分析
报警阀报警管路误报警	（1）未按照安装图纸安装或者未按照调试要求进行调试。 （2）报警阀组渗漏通过报警管路流出。 （3）延迟器下部孔板溢出水孔堵塞，发生报警或者缩短延迟时间
水力警铃不报警	（1）产品质量问题或者安装调试不符合要求。 （2）控制口阻塞或者铃锤机构被卡住

核心考点 5-4-2　雨淋阀组常见故障分析

故障类型	原因分析
压力表读数不在正常范围	（1）供水控制阀未打开。 （2）压力表管路堵塞。 （3）报警阀体漏水。 （4）压力表管路控制阀未打开或者开启不完全
自动滴水阀漏水	（1）产品存在质量问题。 （2）安装调试或者平时定期试验、实施灭火后，没有将系统侧管内的余水排尽。 （3）雨淋报警阀隔膜球面中线密封处因施工遗留的杂物、不干净消防用水中的杂质等导致球状密封面不能完全密封
雨淋报警阀不能进入伺应状态	（1）复位装置存在问题。 （2）未按照安装调试说明书将报警阀组调试到伺应状态（隔膜室控制阀、复位球阀未关闭）。 （3）消防用水水质存在问题，杂质堵塞了隔膜室管道上的过滤器

核心考点 5-4-3　水流指示常见故障分析

故障类型	原因分析
达到规定流量时水流指示器不动作	（1）桨片被管腔内杂物卡阻。 （2）调整螺母与触头未调试到位。 （3）电路接线脱落。 （4）安装方向反向

核心考点 5-4-4 喷淋泵启动

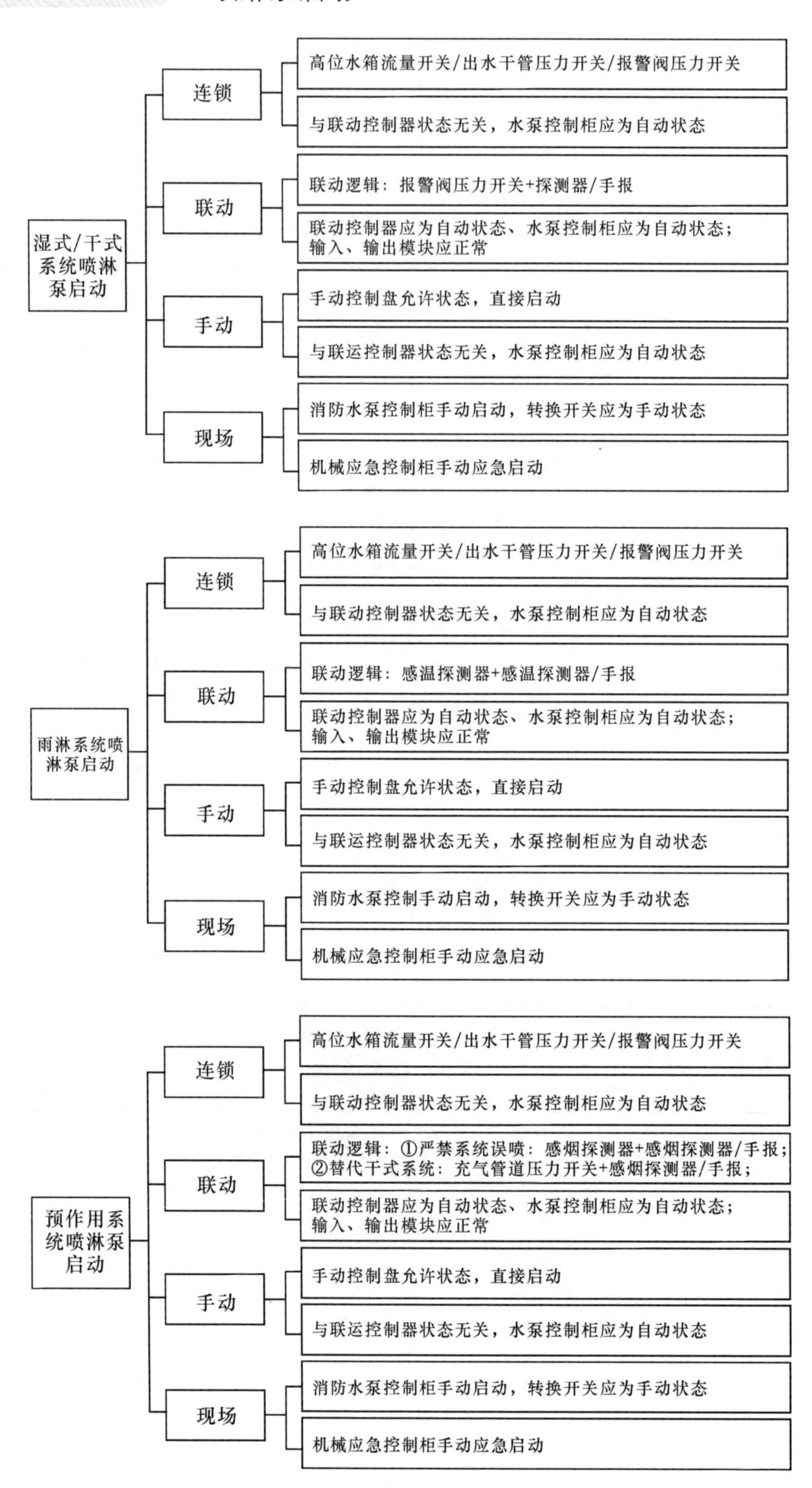

5. 自动喷水灭火系统调试验收程序该如何做?

核心考点 5-5-1 系统调试内容

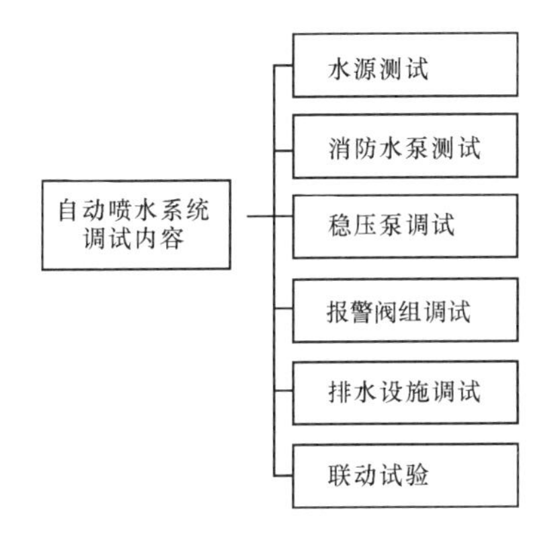

核心考点 5-5-2 组件调试方法

湿式报警阀调试	在末端装置处放水，当湿式报警阀进口水压大于 0.14 MPa、放水流量大于 1 L/s 时，报警阀应及时启动；带延迟器的水力警铃应在 5~90 s 内发出报警铃声，不带延迟器的水力警铃应在 15 s 内发出报警铃声；压力开关应及时动作，启动消防泵并反馈信号
干式报警阀调试	开启系统试验阀，报警阀的启动时间、启动点压力、水流到试验装置出口所需时间，均应符合设计要求
雨淋阀调试	宜利用检测、试验管道进行。自动和手动方式启动的雨淋阀，应在 15 s 之内启动；公称直径大于 200 mm 的雨淋阀调试时，应在 60 s 之内启动。雨淋阀调试时，当报警水压为 0.05 MPa 时，水力警铃应发出报警铃声
联动功能检查	(1) 湿式系统的联动试验，启动一只喷头或以 0.94~1.5 L/s 的流量从末端试水装置处放水时，水流指示器、报警阀、压力开关、水力警铃和消防水泵等应及时动作，并发出相应的信号。 (2) 预作用系统、雨淋系统、水幕系统的联动试验，可采用专用测试仪表或其他方式，对火灾自动报警系统的各种探测器输入模拟火灾信号，火灾自动报警控制器应发出声光报警信号，并启动自动喷水灭火系统；采用传动管启动的雨淋系统、水幕系统联动试验时，启动 1 只喷头，雨淋阀打开，压力开关动作，水泵启动。 (3) 干式系统的联动试验，启动 1 只喷头或模拟 1 只喷头的排气量排气，报警阀应及时启动，压力开关、水力警铃动作并发出相应信号
检查	检查数量：全数检查。 检查方法：使用压力表、流量计、秒表、声强计和观察检查

6. 水系统各组件的周期维护检查是否符合要求？

核心考点 5-6-1　水系统周期维护管理

部位		工作内容	周期
水源	市政给水管网	压力和流量	每季
	河湖等地表水	枯水位、洪水位、枯水位流量或蓄水量	每年
	水井	常水位、最低水位、出流量	每年
	消防水池、高位水箱	水位	每月
	室外消防水池	温度	冬季每天
供水设施	电源	接通状态，电压	每日
	消防水泵	自动巡检记录	每周
		手动启动试运行	每月
		流量和压力	每季
	稳压泵	启停泵压力、启停次数	每日
	柴油机消防泵	启动电池、储油量	每日
	气压水罐	检查气压、水位、有效容积	每月
减压阀		放水	每月
		测试流量和压力	每年
阀门	雨淋阀的附属电磁阀	检查开启	每月
	电动阀或电磁阀	供电、启闭性能	每月
	系统所有控制阀门	铅封、锁链	每月
	室外阀门井控制阀	检查开启	每季
	水源控制阀、报警阀组	外观检查、开闭状态	每日
	末端试水阀、报警阀试水阀	放水试验、启动性能	每季
	倒流防止器	压差检测	每月
喷头		状态、清除异物、备用量	每月
消火栓		外观和漏水	每季
水泵接合器		状态	每月
		通水试验	每年
过滤器		排渣、完好状态	每年
储水设备		结构材料	每年
系统连锁试验		运行功能	每年
供水设备间		室温	冬季每天
水流指示器		试验报警	每月

注：自动喷水灭火系统个别组件略有不同，注意对比。

记忆口诀

日检	月检	季检	年检
查电源 稳压启停低十五 油泵储油　阀组开闭 冬季水源查水温	水池水位 气压水罐 水泵运转 铅封锁链电磁阀 减压放水 倒流压差 喷头水泵接合器 水流信息月反馈	管网水泵阀门井 流量压力季开启 栓漏水　试水阀 末端报警在四季	减压阀　天然水 每年流量压力不相忘 过滤器　接合器 储水设备每年要刷漆

案例六　火灾自动报警与防排烟系统案例分析

1. 火灾自动报警系统设计与安装是否符合要求，为什么?
2. 火灾自动报警系统联动控制设计是否正确，为什么?
3. 自然通风与机械加压送风设计存在哪些问题?
4. 自然排烟与机械排烟设计存在哪些问题?
5. 火灾自动报警系统调试与功能验收存在的问题?
6. 火灾自动报警系统维护保养及故障分析。
7. 气体灭火组合分配系统的设计与功能验收应该如何做?

1. 火灾自动报警系统设计与安装是否符合要求，为什么？

核心考点 6-1-1 火灾报警系统组件设置

设备容量	(1) 任一台火灾报警控制器所连接的火灾探测器、手动火灾报警按钮和模块等设备总数和地址总数，均不应超过 3 200 点，其中每一总线回路连接设备的总数不宜超过 200 点，且应留有不少于额定容量 10%的余量；任一台消防联动控制器地址总数或火灾报警控制器（联动型）所控制的各类模块总数不应超过 1 600 点，每一联动总线回路连接设备的总数不宜超过 100 点，且应留有不少于额定容量 10%的余量。 (2) 系统总线上应设置总线短路隔离器，每只总线短路隔离器保护的火灾探测器、手动火灾报警按钮和模块等消防设备的总数不应超过 32 点；总线穿越防火分区时，应在穿越处设置总线短路隔离器。 (3) 高度超过 100 m 的建筑中，除消防控制室内设置的控制器外，每台控制器直接控制的火灾探测器、手动报警按钮和模块等设备不应跨越避难层。 (4) 水泵控制柜、风机控制柜等消防电气控制装置不应采用变频启动方式
设备安装	(1) 火灾报警控制器和消防联动控制器安装在墙上时，其主显示屏高度宜为 1.5~1.8 m，其靠近门轴的侧面距墙不应小于 0.5 m，正面操作距离不应小于 1.2 m。 (2) 消防控制室内设备的布置应符合下列规定： ① 设备面盘前的操作距离，单列布置时不应小于 1.5 m；双列布置时不应小于 2 m。 ② 在值班人员经常工作的一面，设备面盘至墙的距离不应小于 3 m。 ③ 设备面盘后的维修距离不宜小于 1 m。 ④ 设备面盘的排列长度大于 4 m 时，其两端应设置宽度不小于 1 m 的通道
点型探测器	(1) 探测区域的每个房间应至少设置一只火灾探测器。 (2) 当梁突出顶棚的高度小于 200 mm 时，可不计梁对探测器保护面积的影响；当梁突出顶棚的高度超过 600 mm 时，被梁隔断的每个梁间区域应至少设置一只探测器。 (3) 当梁间净距小于 1 m 时，可不计梁对探测器保护面积的影响。 (4) 在宽度小于 3 m 的内走道顶棚上设置点型探测器时，宜居中布置。感温火灾探测器的安装间距不应超过 10 m；感烟火灾探测器的安装间距不应超过 15 m；探测器至端墙的距离，不应大于探测器安装间距的 1/2。 (5) 点型探测器至墙壁、梁边的水平距离，不应小于 0.5 m；周围 0.5 m 内，不应有遮挡物。 (6) 房间被书架、设备或隔断等分隔，其顶部至顶棚或梁的距离小于房间净高的 5%时，每个被隔开的部分应至少安装一只点型探测器。 (7) 点型探测器至空调送风口边的水平距离不应小于 1.5 m，并宜接近回风口安装；探测器至多孔送风顶棚孔口的水平距离不应小于 0.5 m
手动火灾报警按钮	(1) 每个防火分区应至少设置一只手动火灾报警按钮。从一个防火分区内的任何位置到最邻近的手动火灾报警按钮的步行距离不应大于 30 m。手动火灾报警按钮宜设置在疏散通道或出入口处。 (2) 手动火灾报警按钮应设置在明显和便于操作的部位。当采用壁挂方式安装时，其底边距地高度宜为 1.3~1.5 m，且应有明显的标志
区域显示器	(1) 每个报警区域宜设置一台区域显示器（火灾显示盘）；宾馆、饭店等场所应在每个报警区域设置一台区域显示器。 (2) 区域显示器应设置在出入口等明显和便于操作的部位。当采用壁挂方式安装时，其底边距地高度宜为 1.3~1.5 m

续表

火灾警报器	(1) 火灾光警报器应设置在每个楼层的楼梯口、消防电梯前室、建筑内部拐角等处的明显部位，且不宜与安全出口指示标志灯具设置在同一面墙上。 (2) 每个报警区域内应均匀设置火灾警报器，其声压级不应小于60 dB；在环境噪声大于60 dB的场所，其声压级应高于背景噪声15 dB。 (3) 当火灾警报器采用壁挂方式安装时，底边距地面高度应大于2.2 m
管路采样式吸气感烟火灾探测器	(1) 非高灵敏型探测器的采样管网安装高度不应超过16 m；高灵敏型探测器的采样管网安装高度可超过16 m；采样管网安装高度超过16 m时，灵敏度可调的探测器应设置为高灵敏度，且应减小采样管长度和采样孔数量。 (2) 探测器的每个采样孔的保护面积、保护半径，应符合点型感烟火灾探测器的保护面积、保护半径的要求。 (3) 一个探测单元的采样管总长不宜超过200 m，单管长度不宜超过100 m，同一根采样管不应穿越防火分区。采样孔总数不宜超过100个，单管上的采样孔数量不宜超过25个。 (4) 当采样管道采用毛细管布置方式时，毛细管长度不宜超过4 m。 (5) 吸气管路和采样孔应有明显的火灾探测器标识
消防应急广播扬声器	(1) 民用建筑内扬声器应设置在走道和大厅等公共场所。每个扬声器的额定功率不应小于3 W，其数量应能保证从一个防火分区内的任何部位到最近一个扬声器的直线距离不大于25 m，走道末端距最近的扬声器距离不应大于12.5 m。 (2) 在环境噪声大于60 dB的场所设置的扬声器，在其播放范围内最远点的播放声压级应高于背景噪声15 dB。 (3) 壁挂扬声器的底边距地面高度应大于2.2 m

2. 火灾自动报警系统联动控制设计是否正确，为什么？

核心考点 6-2-1　火灾报警系统联动控制

系统名称	联动触发信号	联动控制信号	联动反馈信号
气体灭火系统	任一防护区域内设置的感烟火灾探测器、其他类型火灾探测器或手动火灾报警按钮的首次报警信号	启动设置在该防护区内的声光警报器	气体灭火控制器直接连接的火灾探测器的报警信号
	同一防护区域内与首次报警的火灾探测器或手动火灾报警按钮相邻的感温火灾探测器、火焰探测器或手动火灾报警按钮的报警信号	关闭防护区域的送、排风机及送排风阀门，停止通风和空气调节系统，关闭该防护区域的电动防火阀，启动防护区域的开口封闭装置，包括关闭门、窗，启动气体灭火装置，启动入口处表示气体喷洒的火灾声光警报器	选择阀的动作信号，压力开关的动作信号
防烟系统	加压送风口所在防火分区的两只独立的火灾探测器或一只火灾探测器与一只手动火灾报警按钮的报警信号	开启送风口、启动加压送风机	送风机、排烟口、排烟窗或排烟阀的开启和关闭信号，防烟、排烟风机启停信号，电动防火阀关闭动作信号
	同一防烟分区内且位于电动挡烟垂壁附近的两只独立的感烟探测器的报警信号	降落电动挡烟垂壁	

续表

系统名称	联动触发信号	联动控制信号	联动反馈信号
排烟系统	同一防烟分区内的两只独立的火灾探测器报警信号或一只火灾探测器与一只手动火灾报警按钮的报警信号	开启排烟口、排烟窗或排烟阀，停止该防烟分区的空气调节系统	
	排烟口、排烟窗或排烟阀开启的动作信号与该防烟分区内任一火灾探测器或手动报警按钮的报警信号	启动排烟风机	

3. 自然通风与机械加压送风设计存在哪些问题？

核心考点 6-3-1　自然通风设置

设置条件	建筑高度≤50 m 的公共建筑、工业建筑和建筑高度≤100 m 的住宅建筑，其防烟楼梯间、独立前室、共用前室、合用前室（除共用前室与消防电梯前室合用外）及消防电梯前室应采用自然通风系统
楼梯间	（1）封闭楼梯间、防烟楼梯间，应在最高部位设置≥1.0 m^2 的可开启外窗或开口。 （2）当 H>10 m 时，尚应在楼梯间的外墙上每 5 层内设置总面积≥2.0 m^2 可开启外窗或开口，且布置间隔不大于 3 层
前室	独立前室、消防电梯前室可开启外窗或开口的面积≥2.00 m^2，共用前室、合用前室≥3.00 m^2
避难层	采用自然通风方式的避难层（间）应设有不同朝向的可开启外窗，其有效面积不应小于该避难层（间）地面面积的 2%，且每个朝向的面积≥2.00 m^2

核心考点 6-3-2　机械加压送风组件

机械加压送风机	（1）送风机的进风口应直通室外；送风机的进风口宜设在机械加压送风系统的下部，且应采取防止烟气侵袭的措施。 （2）设在同一层面时，送风机的进风口与排烟风机的出风口应分开布置。 （3）竖向布置时，送风机的进风口应设置在排烟机出风口的下方，其两者边缘垂直距离不应小于 6.0 m；水平布置时，两者边缘水平距离不应小于 20.0 m。 （4）送风机应设置在专用机房内。该房间应采用耐火极限不低于 2.0 h 的隔墙和 1.5 h 的楼板及甲级防火门与其他部位隔开
送风管道	（1）送风管道应采用光滑的不燃烧材料制作，且不应采用土建井道。金属材料管道≤20 m/s；非金属材料管道≤15 m/s。加压送风口≤7 m/s。 （2）竖向设置的送风管道应设置在独立的管道井内，当独立设置确有困难时，送风管道的耐火极限不应小于 1.0 h。 （3）水平设置的送风管道，当设置在吊顶内时，其耐火极限不应小于 0.5 h；当未设置在吊顶内时，其耐火极限不应小于 1.0 h。 （4）机械加压送风系统的管道井应采用耐火极限不小于 1.0 h 的隔墙与相邻部位分隔，当墙上必须设置检修门时应采用乙级防火门

续表

加压送风口	(1) 常闭型风口靠联动信号控制开启，可现场手动开启，也可在消防控制中心联动控制器上总线一键式开启，风口可输出动作信号，联动送风机开启。 (2) 除直灌式送风方式外，楼梯间宜每隔 2~3 层设一个常开式百叶送风口；井道的剪刀楼梯的两个楼梯间应分别每隔一层设一个常开式百叶送风口。 (3) 前室应每层设一个常闭式加压送风口，并应设手动开启装置。 (4) 送风口的风速不宜大于 7 m/s
系统控制	(1) 加压送风机的启动：① 现场手动启动；② 火灾自动报警系统联动启动；③ 消防控制室手动启动；④ 系统中任一常闭加压送风口开启时，加压风机应能自动启动。 (2) 当防火分区内火灾确认后，应能在 15 s 内联动开启常闭加压送风口和加压送风机。① 开启该防火分区楼梯间的全部加压送风机；② 开启该防火分区内着火层及其相邻上下层前室及合用前室的常闭送风口，同时开启加压送风机

4. 自然排烟与机械排烟设计存在哪些问题？

核心考点 6-4-1 自然排烟口设置要求与开窗有效面积

排烟口位置	(1) 当设置在外墙上时，排烟窗应在储烟仓以内，但走道、室内空间净高不大于 3 m 的区域的排烟窗或开口可设置在室内净高度的 1/2 以上。 (2) 当房间面积≤200 m^2 时，排烟窗开启方向可不限。 (3) 宜分散均匀布置，每组排烟窗的长度不宜大于 3.00 m。设置在防火墙两侧的排烟窗之间水平距离不应小于 2.00 m。 (4) 室内任一点至最近排烟窗距离≤30 m；$H>6$ m，$L\leq 37.5$ m；自然排烟有效面积：房间、走道 2%
悬窗	(1) 当采用悬窗时，开窗角大于 70°，其面积应按窗的面积计算。 (2) 当采用悬窗时，开窗角小于 70°，其面积应按窗的水平投影面积计算，$F_p=F_c\cdot\sin\alpha$
侧拉窗	其面积应按开启的最大窗口面积计算
百叶窗	其面积应按窗的有效开口面积计算；系数取值：防雨百叶为 0.6，一般百叶为 0.8
顶部平推窗	其面积应按窗的 1/2 周长与平推距离乘积计算，且不应大于窗面积，$S=1/2\times 2(a+b)\times H$ 且 $S\leq a\times b$
侧墙平推窗	其面积应按窗的 1/4 周长与平推距离乘积计算，且不应大于窗面积，$S=1/4\times 2(a+b)\times H$ 且 $S\leq a\times b$

核心考点 6-4-2 排烟系统参数设计

排烟系统设计	(1) 同一个防烟分区应采用同一种排烟方式。 (2) 建筑排烟设计当采用水平向布置机械排烟方式时，每个防火分区应独立设置机械排烟系统。 (3) 建筑高度超过 50 m 的公共建筑和建筑高度超过 100 m 的住宅排烟系统应竖向分段独立设置，且每段高度，公共建筑不应超过 50 m，住宅建筑不应超过 100 m

续表

最小清晰高度	(1) 储烟仓： ① 当采用自然排烟方式时，储烟仓的厚度不应小于空间净高的20%且不应小于500 mm。 ② 当采用机械排烟方式时，不应小于空间净高的10%，且不应小于500 mm。 (2) 走道、室内空间净高不大于3 m的区域，其最小清晰高度不应小于其净高的1/2，其他区域最小清晰高度应按以下公式计算：$H_q=1.6+0.1H$。 (3) 空间净空高度： ① 对于平顶和锯齿形的顶棚，空间净空高度为从顶棚下沿到地面的距离； ② 对于斜坡式的顶棚，空间净空高度为从排烟开口中心到地面的距离； ③ 对于有吊顶的场所，其净空高度应从吊顶处算起；设置格栅吊顶的场所，其净空高度应从上层楼板下边缘算起
排烟量	(1) 排烟风机的设计风量应经计算确定，且设计风量不应小于计算量的1.2倍。 (2) 建筑净空高度≤6 m，其排烟量≥60 $m^3/(h \cdot m^2)$ 且≥15 000 m^3/h，或设置有效面积不小于该房间建筑面积2%的自然排烟窗（口）。 (3) 当公共建筑仅需在走道或回廊设置排烟时，机械排烟量≥13 000 m^3/h，或在走道两端（侧）均设置面积不小于2 m^2的自然排烟窗（口）且两侧自然排烟窗（口）的距离不应小于走道长度的2/3。 (4) 当公共建筑室内与走道或回廊均需设置排烟时，其走道或回廊的机械排烟量可按60 $m^3/(h \cdot m^2)$ 且≥13 000 m^3/h计算，或设置有效面积不小于走道、回廊建筑面积2%的自然排烟窗（口）。 (5) 汽车库的排烟量≥30 000 m^3/h，或设置不小于室内面积2%的自然排烟窗（口）

核心考点6-4-3　排烟系统组件设置

排烟风机	(1) 排烟风机可采用离心式轴流排烟风机，且风机应满足280 ℃时连续工作30 min的要求，排烟风机应与风机入口处的排烟防火阀连锁，当该阀关闭时，排烟风机应能停止运转。 (2) 排烟风机应设置在专用机房内，且风机两侧应有600 mm以上的空间。 (3) 当排烟风机及系统中设置有软接头时，该软接头应能在280 ℃的环境条件下连续工作不少于30 min
排烟防火阀	(1) 排烟系统竖向穿越防火分区时垂直风管应设置在管井内，且与垂直风管连接的水平风管应设置280 ℃排烟防火阀。 (2) 排烟防火阀安装在排烟系统管道上，平时呈常开状态。 (3) 排烟风机入口处应设置280 ℃能自动关闭的排烟防火阀，该阀应与排烟风机连锁，当该阀关闭时，排烟风机应能停止运转。平时呈常开状态
排烟阀	(1) 排烟口平时应处于关闭状态；火灾时，着火防烟分区内的阀门仍应处于开启状态，其他防烟分区内的阀门应全部关闭。 (2) 每个排烟口的排烟量不应大于最大允许排烟量。 (3) 联动开启排烟区域的排烟阀或排烟口，应在现场设置手动开启装置
排烟口	(1) 烟口至该防烟分区最远点的水平距离不应超过30 m。 (2) 排烟口应设在防烟分区所形成的储烟仓内，但走道、室内空间净高不大于3 m区域应设置在其净空高度的1/2以上，当设置在侧墙时，其最近的边缘与吊顶的距离不应大于0.50 m。 (3) 排烟口的设置宜使烟流方向与人员疏散方向相反，排烟口与附近安全出口相邻边缘之间的水平距离不应小于1.50 m

续表

排烟管道	(1) 排烟管道应采用光滑的不燃材料制作，且不应采用土建井道。当采用金属风道时，管道设计风速不应大于 20 m/s；当采用非金属材料管道时，管道设计风速不应大于 15 m/s。 (2) 竖向设置的排烟管道应设置在独立的管道井内，排烟管道的耐火极限不应低于 0.5 h。 (3) 水平设置的排烟管道应设置在吊顶内，排烟管道的耐火极限不应低于 0.5 h；当确有困难时，可直接设置在室内，但管道的耐火极限不应小于 1.0 h。 (4) 设置在走道部位吊顶内的排烟管道，以及穿越防火分区的排烟管道，其管道的耐火极限不应小于 1.0 h，但设备用房和汽车库的排烟管道耐火极限可不低于 0.5 h
补风系统	(1) 除地上建筑的走道或面积小于 500 m^2 的房间外，设有排烟系统的场所应设置补风系统。 (2) 补风系统应直接从室外引入空气，且补风量不应小于排烟量的 50%。 (3) 补风口与排烟口设置在同一空间内相邻的防烟分区时，补风口位置不限；当补风口与排烟口设置在同一防烟分区时，补风口应设在储烟仓下沿以下；补风口与排烟口水平距离不应少于 5 m。 (4) 补风系统应与排烟系统联动开闭。 (5) 机械补风口的风速不宜大于 10 m/s，人员密集场所补风口的风速不宜大于 5 m/s；自然补风口的风速不宜大于 3 m/s
系统控制	(1) 排烟风机、补风机的控制方式：① 现场手动启动；② 火灾自动报警系统联动启动；③ 消防控制室手动启动；④ 系统中任一排烟阀或排烟口开启时，排烟风机、补风机自动启动；⑤ 排烟防火阀在 280 ℃时应自行关闭，并应连锁关闭排烟风机和补风机。 (2) 常闭排烟阀或排烟口的控制方式：① 火灾自动报警系统自动开启；② 消防控制室手动开启；③ 现场手动开启。当火灾确认后，火灾自动报警系统应在 15 s 内联动开启相应防烟分区的全部排烟阀、排烟口、排烟风机和补风设施，并应在 30 s 内自动关闭与排烟无关的通风、空调系统。 (3) 活动挡烟垂壁的控制方式：① 火灾自动报警系统自动启动；② 现场手动启动功能。当火灾确认后，火灾自动报警系统应在 15 s 内联动相应防烟分区的全部活动挡烟垂壁，60 s 内挡烟垂壁应开启到位

5. 火灾自动报警系统调试与功能验收存在的问题？

核心考点 6-5-1　系统组件与设备调试

火灾报警控制器	(1) 检查自检功能、操作级别、屏蔽功能、短路隔离保护功能、主备电源自动转换功能、消音功能、复位功能。 (2) 配接部件连线故障报警功能：使控制器与探测器之间的连线断路和短路，控制器应在 100 s 内发出故障信号。 (3) 备用电源连线故障报警功能：使控制器与备用电源之间的连线断路和短路，控制器应在 100 s 内发出故障信号。 (4) 火警优先功能：当有火灾探测器火灾报警信号、手动火灾报警按钮报警信号输入时，控制器应在 10 s 内发出火灾报警声、光信号。任一故障均不应影响非故障部分的正常工作。 (5) 二次报警功能：火灾报警声信号应能手动消除，当再有火灾报警信号输入时，应能再次启动。 (6) 负载功能：使控制器不少于 10 个报警部位均处于报警状态，主电源容量应能保证连续正常工作 4 h，备用电源工作 30 min，监视状态下工作 8 h

续表

消防联动控制器	（1）检查自检功能、操作级别、屏蔽功能、总线隔离保护功能、主备电源自动转换功能、消音功能、复位功能、控制器自动和手动工作状态转换显示功能。 （2）配接部件连线故障报警功能：消防联动控制器与火灾报警控制器、触发器件、直接手动控制单元、输出/输入模块之间连接线断路、短路和影响功能的接地，消防联动控制器应能在 100 s 内发出故障信号。 （3）备用电源连线故障报警功能：给备用电源充电的充电器与备用电源间，备用电源与其负载间连接线的断路、短路，主电源欠压，消防联动控制器应能在 100 s 内发出故障信号。 （4）控制器的负载功能：使控制器不少于 50 个输入/输出模块均处于报警状态，主电源容量应能保证连续正常工作 8 h，备用电源工作 30 min，监视状态下工作 8 h
红外光束感烟火灾探测器调试	（1）用减光率为 0.9 dB/m 的减光片遮挡光路，探测器不应发出火灾报警信号。 （2）用产品生产企业设定减光率（1.0~10.0 dB/m）的减光片遮挡光路，探测器应发出火灾报警信号。 （3）用减光率为 11.5 dB/m 的减光片遮挡光路，探测器应发出故障信号或火灾报警信号
管路采样的吸气式火灾探测器调试	（1）在采样管最末端（最不利处）采样孔加入试验烟，探测器或其控制装置应在 120 s 内发出火灾报警信号。 （2）改变探测器的采样管路气流，使探测器处于故障状态，探测器或其控制装置应在 100 s 内发出故障信号

核心考点 6-5-2　火灾自动报警系统检测设备数量要求

全检	火灾报警控制器、消防联动控制器、可燃气体报警控制器、电气火灾监控设备、消防设备电源监控器、图形显示装置、气体及干粉灭火控制器	压力开关、电动阀、电磁阀、液位控制器、风机入口排烟防火阀；消防电话总机、分机；水泵、风机控制柜；水泵、风机的直接手动控制功能	
5（个）台以下全检；超过 5（个）台抽检 20%且不少于 5（个）台	布线；火灾警报、广播控制；防火卷帘、防火门控制；自动喷水灭火系统联动功能；加压送风系统联动控制；挡烟垂壁、排烟系统联动控制；应急照明与疏散指示系统、电梯、非消防电源、自动消防系统的联动控制功能		
100 只以下检 20 只（各回路）；超过 100 只，抽检 10%~20%（各回路）且不少于 20 只	火灾探测器；手动报警按钮；声光警报器；模块	抽检 5%~10%	消火栓按钮
5 只以下全检；超过 5 只，抽检 10%~20% 且不少于 5 只	消防电话插孔、消防设备应急电源	抽检 30%~50%	水流指示器、信号阀；电动送风口、电动挡烟垂壁、排烟阀、防火阀

6. 火灾自动报警系统维护保养及故障分析。

核心考点 6-6-1 火灾自动报警系统维护保养

火灾报警系统组件维修要求	(1) 火灾探测报警产品维修一般应在 48 h 内完成；需要由供应商或者生产企业提供零配件时，应在 5 个工作日内完成。 (2) 火灾探测器、模块、手动报警按钮和消火栓启动按钮一般应在维修企业内进行维修，将上述部件拆下维修时，应立即更换备品，不应对相应部位实施屏蔽；没有备品时，应对该部位采取有效的消防安全措施。 (3) 火灾报警控制器、消防联动控制器和可燃气体控制器可在现场维修。维修期间，应换上备用控制器；没有备用控制器时，应对该受保护区域采取有效的消防安全措施，或暂停使用该区域。 (4) 火灾探测器维修后，应按要求进行响应阈值试验，响应阈值应在生产企业成品出厂检验规程规定的响应阈值范围内
控制器类产品维修流程	(1) 火灾报警控制器、消防联动控制器、可燃气体报警控制器、电气火灾监控器、气体灭火控制器维修前应切断主电源、备用电源及所有外部控制连接线。 (2) 更换主程序芯片后，应至少抽取 20 只与其连接的探测器按规定进行试验，并应检查控制器连接的全部探测器、手动报警按钮、模块的报警与故障功能。 (3) 更换回路板后，应检查该回路板连接的全部探测器、手动报警按钮和模块的报警与故障功能。 (4) 气体灭火控制器维修后应先接通电源，检验在无负载状态下的各项功能；符合要求后，接通与消防联动控制器的连接，检验其接受联动控制的功能；合格后，再与负载连接，对能够进行试验的控制功能进行检验，检验结果应符合工程原设计要求
保养	(1) 产品的使用或管理单位应根据产品使用场所环境及产品保养要求制订保养计划。保养计划应包括需保养产品的具体名称、保养内容和周期。 (2) 承担保养的企业应制订保养作业指导书，对保养人员进行相关培训，确保各项保养操作符合产品使用说明书和作业指导书的要求。 (3) 实施保养后，应按照规定填写《建筑消防设施维护保养记录表》
探测器故障原因	(1) 探测器与底座脱落、接触不良。 (2) 报警总线与底座接触不良。 (3) 报警总线开路或接地性能不良造成短路。 (4) 探测器本身损坏。 (5) 探测器接口板故障
系统误报的原因	(1) 产品质量。 (2) 设备选择和布置不当。 (3) 环境因素。 (4) 其他原因

7. 气体灭火组合分配系统的设计与功能验收应该如何做？

核心考点 6-7-1　气体灭火组合分配系统组件

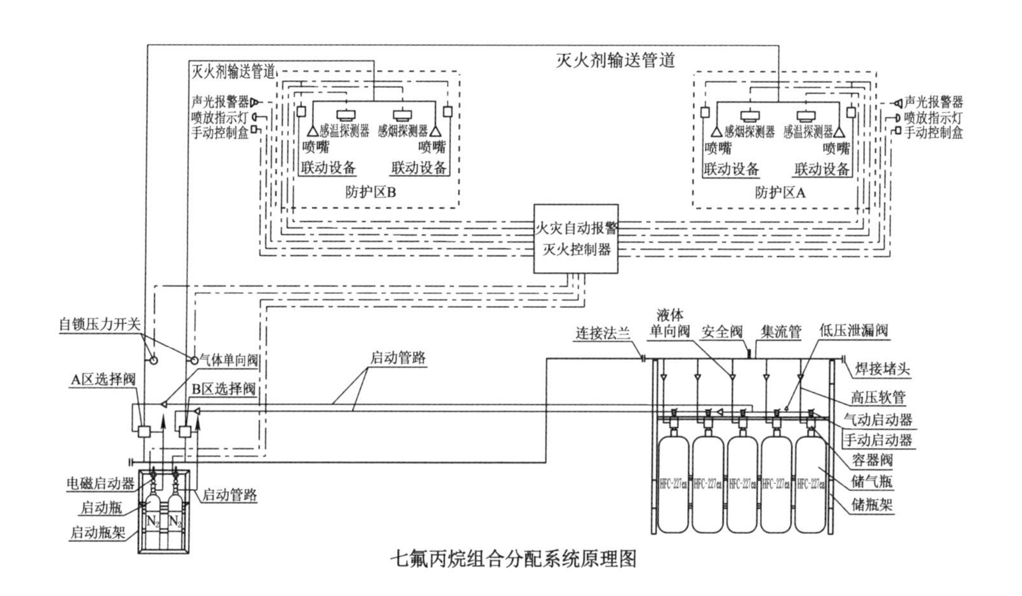

七氟丙烷组合分配系统原理图

核心考点 6-7-2　气体灭火系统设计

系统分类	防护区	灭火浓度	其他要求
高压二氧化碳	(1) 防护区围护结构及门窗的耐火极限均不宜低于 0.5 h；吊顶的耐火极限不宜低于 0.25 h。 (2) 防护区围护结构承受内压的允许压强，不宜低于 1 200 Pa。 (3) 不能自动关闭的开口，其面积不应大于防护区总内表面积的 3%，且开口不应设在底面。 (4) 防护区用的通风机和通风管道中的防火阀，在喷放二氧化碳前应自动关闭。 (5) 防护区应设置泄压口，并宜设在外墙上，其高度应大于防护区净高的 2/3	二氧化碳设计浓度不应小于灭火浓度的 1.7 倍，并不得低于 34%	(1) 地下防护区和无窗或固定窗扇的地上防护区，应设机械排风装置。 (2) 正常排风量宜按换气次数不小于 4 次/h 确定，事故排风量应按换气次数不小于 8 次/h 确定。 (3) 设置灭火系统的防护区的入口处明显位置应配备专用的空气呼吸器或氧气呼吸器

续表

系统分类	防护区	灭火浓度	其他要求
七氟丙烷	(1) 管网灭火系统，一个防护区的面积宜≤800 m^2，且容积≤3 600 m^3。 (2) 预制灭火系统时，一个防护区的面积宜≤500 m^2，且容积宜≤1 600 m^3。 (3) 一个防护区设置的预制灭火系统，其装置数量不宜超过10台，其动作响应时差不得大于2 s。 (4) 防护区应设置泄压口，七氟丙烷灭火系统的泄压口应位于防护区净高的2/3以上	灭火设计浓度不应小于灭火浓度的1.3倍，惰化设计浓度不应小于惰化浓度的1.1倍。 E类：宜采用8%。 B类：宜采用9%。 A类：宜采用10%。 防护区实际应用的浓度不应大于灭火设计浓度的1.1倍。	(1) 灭火后的防护区应通风换气，地下防护区和无窗或设固定窗扇的地上防护区，应设置机械排风装置，排风口宜设在防护区的下部并应直通室外。 (2) 通信机房、电子计算机房等场所的通风换气次数应不少于每小时5次。 (3) 防护区内设置的预制灭火系统的充压压力不应大于2.5 MPa。 (4) 管网灭火系统应设自动控制、手动控制和机械应急操作三种启动方式。预制灭火系统应设自动控制和手动控制两种启动方式
IG541		(1) 灭火设计浓度不应小于灭火浓度的1.3倍，惰化设计浓度不应小于灭火浓度的1.1倍。 (2) 固体表面火灾的灭火浓度为28.1%	

核心考点 6-7-3　预制灭火系统

检查项目	检查要求
1. 直观检查	一个防护区设置的预制灭火系统，其装置数量不宜超过10台
2. 安装检查	同一防护区设置多台装置时，其相互间的距离不得大于10 m； 防护区内设置的预制灭火系统的充压压力不应大于2.5 MPa
3. 功能检查	同一防护区内的预制灭火系统装置多于1台时，必须能同时启动，其动作响应时差不得大于2 s

核心考点 6-7-4　气体灭火系统调试

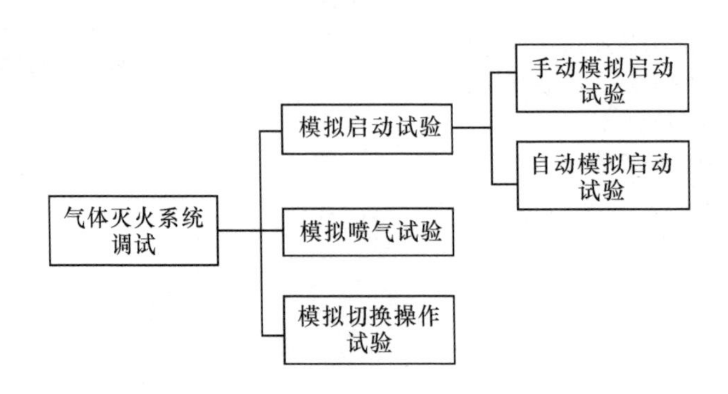

一、模拟启动试验

手动模拟启动试验	（1）按下手动启动按钮，观察相关动作信号及联动设备动作是否正常（如发出声、光报警，启动输出端的负载响应，关闭通风空调、防火阀等）。 （2）手动启动使压力信号反馈装置，观察相关防护区门外的气体喷放指示灯是否正常。
自动模拟启动试验	（1）将灭火控制器的启动输出端与灭火系统相应防护区驱动装置连接。驱动装置与阀门的动作机构脱离。也可用1个启动电压、电流与驱动装置的启动电压、电流相同的负载代替。 （2）人工模拟火警使防护区内任意1个火灾探测器动作，观察单一火警信号输出后，相关报警设备动作是否正常。 （3）人工模拟火警使该防护区内另一个火灾探测器动作，观察复合火警信号输出后，相关动作信号及联动设备动作是否正常（如发出声、光报警，启动输出端的负载响应，关闭通风空调、防火阀等）
模拟启动试验结果	（1）延迟时间与设定时间相符，响应时间满足要求。 （2）有关声、光报警信号正确。 （3）联动设备动作正确。 （4）驱动装置动作可靠

二、模拟喷气试验

试验条件	（1）IG541混合气体灭火系统及高压二氧化碳灭火系统采用其充装的灭火剂进行模拟喷气试验。试验采用的储存容器数应为选定试验的防护区或保护对象设计用量所需容器总数的5%，且不少于1个。 （2）低压二氧化碳灭火系统采用二氧化碳灭火剂进行模拟喷气试验。试验要选定输送管道最长的防护区或保护对象进行，喷放量不小于设计用量的10%。 （3）卤代烷灭火系统模拟喷气试验不采用卤代烷灭火剂，宜采用氮气或压缩空气进行。氮气或压缩空气储存容器数不少于灭火剂储存容器数的20%，且不少于1个。 （4）模拟喷气试验宜采用自动启动方式
试验结果	（1）满足模拟启动试验结果要求。 （2）储存容器间内的设备和对应防护区或保护对象的灭火剂输送管道无明显晃动和机械性损坏。 （3）试验气体能喷入被试防护区内或保护对象上，且能从每个喷嘴喷出

三、模拟切换操作试验

试验方法	按使用说明书的操作方法，将系统使用状态从主用量灭火剂储存容器切换为备用量灭火剂储存容器的使用状态，进行模拟喷气试验
结果要求	试验结果符合模拟喷气试验结果的规定

案例七　可燃液体储罐区防火灭火

1. 可燃液体储罐区的选址存在哪些问题？
2. 该储罐与周围建（构）筑物的防火间距是否符合要求？
3. 泡沫液选择与检查是否符合要求？
4. 该储罐区应选用的泡沫灭火系统形式是否符合要求？
5. 该泡沫灭火系统的调试与功能验收中存在哪些问题？
6. 该泡沫灭火系统不能正常发泡，为什么？
7. 消防工程系统验收合格标准。

1. 可燃液体储罐区的选址存在哪些问题？

核心考点 7-1-1　可燃液体储罐区选址

选址要求	(1) 甲、乙、丙类液体储罐区，液化石油气储罐区应布置在城市（区域）的边缘或相对独立的安全地带，并宜布置在城市（区域）全年最小频率风向的上风侧。 (2) 甲、乙、丙类液体储罐（区）宜布置在地势较低的地带。 (3) 液化石油气储罐组或储罐区的四周应设置高度不小于 1.0 m 的不燃性实体防护墙。 (4) 甲、乙、丙类液体储罐区，液化石油气储罐区，可燃、助燃气体储罐区和可燃材料堆场，应与装卸区、辅助生产区及办公区分开布置

2. 该储罐与周围建（构）筑物的防火间距是否符合要求？

核心考点 7-2-1　储罐（区）与其他建筑的防火间距

甲、乙、丙类液体储罐（区），乙、丙类液体桶装堆场与其他建筑的防火间距　m

类别	一个罐区或堆场的总容量 V/m^3	建筑物				室外变、配电站
		一、二级		三级	四级	
		高层民用建筑	裙房，其他建筑			
甲、乙类液体储罐（区）	1≤V<50	40	12	15	20	30
	50≤V<200	50	15	20	25	35
	200≤V<1 000	60	20	25	30	40
	1 000≤V<5 000	70	25	30	40	50
丙类液体储罐（区）	5≤V<250	40	12	15	20	24
	250≤V<1 000	50	15	20	25	28
	1 000≤V<5 000	60	20	25	30	32
	5 000≤V<25 000	70	25	30	40	40

注：(1) 当甲、乙类液体储罐和丙类液体储罐布置在同一储罐区时，罐区的总容量可按 1 m^3 甲、乙类液体相当于 5 m^3 丙类液体折算。

(2) 储罐防火堤外侧基脚线至相邻建筑的距离不应小于 10 m。

(3) 甲、乙、丙类液体的固定顶储罐区与甲类厂房（仓库）、民用建筑的防火间距，应按本表的规定增加 25%，且甲、乙类液体的固定顶储罐区与甲类厂房（仓库）、裙房、单、多层民用建筑的防火间距不应小于 25 m，与明火或散发火花地点的防火间距应按本表有关四级耐火等级建筑物的规定增加 25%。

(4) 浮顶储罐区或闪点大于 120 ℃的液体储罐区与其他建筑的防火间距，可按本表的规定减少 25%。

核心考点 7-2-2 储罐之间的防火间距

甲、乙、丙类液体储罐之间的防火间距不应小于下表的规定。

<table>
<tr><th colspan="3" rowspan="2">类　别</th><th colspan="3">固定顶储罐</th><th rowspan="2">浮顶储罐或设置充氮保护设备的储罐</th><th rowspan="2">卧式储罐</th></tr>
<tr><th>地上式</th><th>半地下式</th><th>地下式</th></tr>
<tr><td rowspan="2">甲、乙类液体储罐</td><td rowspan="3">单罐容量 V/m^3</td><td>$V \leqslant 1\,000$</td><td>0.75D</td><td rowspan="2">0.5D</td><td rowspan="2">0.4D</td><td rowspan="2">0.4D</td><td rowspan="3">≥0.8 m</td></tr>
<tr><td>$V>1\,000$</td><td>0.6D</td></tr>
<tr><td>丙类液体储罐</td><td>不限</td><td>0.4D</td><td>不限</td><td>不限</td><td>—</td></tr>
</table>

注：(1) D 为相邻较大立式储罐的直径（m），矩形储罐的直径为长边与短边之和的一半。

(2) 不同液体、不同形式储罐之间的防火间距不应小于本表规定的较大值。

(3) 两排卧式储罐之间的防火间距不应小于 3 m。

(4) 当单罐容量不大于 1 000 m^3 且采用固定冷却系统时，甲、乙类液体的地上式固定顶储罐之间的防火间距不应小于 0.6D。

(5) 地上式储罐同时设置液下喷射泡沫灭火系统、固定冷却水系统和扑救防火堤内液体火灾的泡沫灭火设施时，储罐之间的防火间距可适当减小，但不宜小于 0.4D。

(6) 闪点大于 120 ℃的液体，当单罐容量大于 1 000 m^3 时，储罐之间的防火间距不应小于 5 m；当单罐容量不大于 1 000 m^3 时，储罐之间的防火间距不应小于 2 m。

核心考点 7-2-3 防火堤的设置

<table>
<tr><td>防火堤设置</td><td>(1) 甲、乙、丙类液体的地上式、半地下式储罐区，其每个防火堤内宜布置火灾危险性类别相同或相近的储罐。沸溢性油品储罐不应与非沸溢性油品储罐布置在同一防火堤内。地上式、半地下式储罐不应与地下式储罐布置在同一防火堤内。
(2) 防火堤内的储罐布置不宜超过 2 排，单罐容量不大于 1 000 m^3 且闪点大于 120 ℃的液体储罐不宜超过 4 排。
(3) 防火堤的有效容量不应小于其中最大储罐的容量。对于浮顶罐，防火堤的有效容量可为其中最大储罐容量的一半。
(4) 防火堤内侧基脚线至立式储罐外壁的水平距离不应小于罐壁高度的一半。防火堤内侧基脚线至卧式储罐的水平距离不应小于 3 m。
(5) 防火堤的设计高度应比计算高度高出 0.2 m，且应为 1.0~2.2 m，在防火堤的适当位置应设置便于灭火救援人员进出防火堤的踏步。
(6) 沸溢性油品的地上式、半地下式储罐，每个储罐均应设置一个防火堤或防火隔堤</td></tr>
</table>

3. 泡沫液选择与检查是否符合要求？

核心考点 7-3-1 泡沫液选择与检查

<table>
<tr><td>非水溶性甲、乙、丙类液体储罐固定式低倍数泡沫灭火系统</td><td>(1) 应选用 3%型氟蛋白或水成膜泡沫液。
(2) 临近生态保护红线、饮用水源地、永久基本农田等环境敏感地区，应选用不含强酸强碱盐的 3%型氟蛋白泡沫液。
(3) 当选用水成膜泡沫液时，泡沫液的抗烧水平不应低于 C 级</td></tr>
</table>

续表

水溶性甲、乙、丙类液体和其他对普通泡沫有破坏作用的甲、乙、丙类液体	抗溶水成膜、抗溶氟蛋白或低黏度抗溶氟蛋白泡沫液
发泡倍数	$$N=\frac{V}{W-W_1}\times\rho$$ 式中 N——发泡倍数； W_1——空桶的质量，kg； W——接满泡沫后量桶的质量，kg； V——量桶的容积，L； ρ——泡沫混合液的密度，按 1 kg/L。

4. 该储罐区应选用的泡沫灭火系统形式是否符合要求？

核心考点 7-4-1 储罐区泡沫灭火系统

低倍数泡沫灭火系统	（1）非水溶性甲、乙、丙类液体固定顶储罐，可选用液上喷射系统，条件适宜时也可选用液下喷射系统。 （2）水溶性甲、乙、丙类液体和其他对普通泡沫有破坏作用的甲、乙、丙类液体固定顶储罐，应选用液上喷射系统。 （3）外浮顶和内浮顶储罐应选用液上喷射系统。 （4）非水溶性液体外浮顶储罐、内浮顶储罐、直径大于 18 m 的固定顶储罐及水溶性甲、乙、丙类液体立式储罐，不得选用泡沫炮作为主要灭火设施。 （5）高度大于 7 m 或直径大于 9 m 的固定顶储罐，不得选用泡沫枪作为主要灭火设施

5. 该泡沫灭火系统的调试与功能验收中存在哪些问题？

核心考点 7-5-1 泡沫系统调试与验收

混合比检测	泡沫比例混合器（装置）调试时，应与系统喷泡沫试验同时进行，其混合比不应低于所选泡沫液的混合比。 检查数量：全数检查。 检查方法：用手持电导率测量仪测量

续表

喷水试验	当为手动灭火系统时，应以手动控制的方式进行一次喷水试验；当为自动灭火系统时，应以手动和自动控制的方式各进行一次喷水试验，系统流量、泡沫产生装置的工作压力、比例混合装置的工作压力、系统的响应时间均应达到设计要求。 检查数量：当为手动灭火系统时，选择最远的防护区或储罐；当为自动灭火系统时，选择所需泡沫混合液流量最大和最远的两个防护区或储罐分别以手动和自动的方式进行试验
低倍数喷泡沫试验	当为自动灭火系统时，应以自动控制的方式进行；喷射泡沫的时间不宜小于1 min；实测泡沫混合液的流量、发泡倍数及到达最远防护区或储罐的时间应符合设计要求，混合比不应低于所选泡沫液的混合比。 检查数量：选择最远的防护区或储罐，进行一次试验
低倍数泡沫灭火系统	喷泡沫试验应合格。 检查数量：任选一个防护区或储罐，进行一次试验

6. 该泡沫灭火系统不能正常发泡，为什么？

核心考点 7-6-1 泡沫系统故障分析

故障类型	故障原因	排除方法
泡沫产生器无法发泡或发泡不正常	(1) 泡沫产生器吸气口被异物堵塞。 (2) 泡沫混合液不满足要求，如泡沫液失效，混合比不满足要求	(1) 加强对泡沫产生器的巡检，发现异物及时清理。 (2) 加强对泡沫比例混合器（装置）和泡沫液的维护和检测
比例混合器锈死	使用后，未及时用清水冲洗，泡沫液长期腐蚀混合器致使锈死	加强检查，定期拆下保养，系统平时试验完毕后，一定要用清水冲洗干净

7. 消防工程系统验收合格标准。

核心考点 7-7-1 消防工程验收合格标准

系统名称	验收标准	A 类缺陷
消防给水及消火栓系统	A=0，B≤2，B+C≤6	室外给水管网的进水管管径及供水能力；消防水箱和消防水池；天然水源；消防水泵、备用泵及其组件；并置于自动启动挡；稳压泵符合要求；减压阀型号、规格、流量、压力符合要求；消火栓的设置位置、规格、型号；系统流量、压力；系统模拟灭火功能试验等无法达到规范要求的

续表

<table>
<tr><th>系统名称</th><th>验收标准</th><th>A 类缺陷</th></tr>
<tr><td>自动喷水灭火系统</td><td rowspan="3">A=0，B≤2，B+C≤6</td><td>室外给水管网的进水管管径及供水能力；消防水箱和消防水池容量；天然水源；主、备电源切换；管道的材质、管径、接头、连接方式及采取的防腐、防冻措施；喷头设置场所、规格、型号、公称动作温度、响应时间指数（RTI）；系统流量、压力；压力开关启动消防水泵及与其联动的相关设备；电磁阀开启雨淋阀等无法达到规范要求的</td></tr>
<tr><td>泡沫灭火系统</td><td>以下达不到规范要求：① 系统水源的验收；② 动力源、备用动力及电气设备、泡沫消防水泵启动、主备切换；③ 柴油机拖动的泡沫消防水泵的电启动和机械启动性能；④ 稳压泵自动启动；⑤ 管道的材质与规格、管径、连接方式、安装位置及采取的防冻措施；⑥ 喷头的数量、规格、型号；⑦ 公路隧道泡沫消火栓箱；⑧ 泡沫喷雾装置动力瓶组的数量、型号和规格等；⑨ 泡沫喷雾系统集流管的材料、规格、连接方式、布置及其泄压装置的泄压方向；⑩ 每个系统模拟灭火功能试验；⑪ 泡沫灭火系统系统功能验收</td></tr>
<tr><td>防烟排烟系统</td><td>系统的设备、部件型号规格与设计不符，无出厂质量合格证明文件及符合消防产品准入制度规定的检验报告；防烟、排烟系统设备手动功能的验收不合格；机械排烟系统的性能验收不合格</td></tr>
<tr><td>建筑灭火器配置</td><td>A=0，B≤1，B+C≤4</td><td>灭火器的类型、规格、灭火级别和配置数量符合建筑灭火器配置要求；灭火器的产品质量符合国家有关产品标准的要求；同一灭火器配置单元内的不同类型灭火器，其灭火剂能相容；灭火器的保护距离符合规定，保证配置场所的任一点都在灭火器设置点的保护范围内</td></tr>
<tr><td>应急照明和疏散指示系统</td><td>A=0，B≤2，B+C≤检查项的 5%</td><td>（1）系统中的应急照明控制器、集中电源、应急照明配电箱和灯具的选型与设计文件的符合性。
（2）系统中的应急照明控制器、集中电源、应急照明配电箱和灯具消防产品准入制度的符合性。
（3）应急照明控制器的应急启动、标志灯指示状态改变控制功能。
（4）集中电源、应急照明配电箱的应急启动功能。
（5）集中电源、应急照明配电箱的连锁控制功能。
（6）灯具应急状态的保持功能。
（7）集中电源、应急照明配电箱的电源分配输出功能</td></tr>
</table>

续表

系统名称	验收标准	A 类缺陷
火灾自动报警系统	A=0，B≤2，B+C≤检查项的5%	(1) 消防控制室设计、设备的基本配置。 (2) 系统部件的选型与设计文件的符合性、消防产品准入制度的符合性。 (3) 系统内的任一火灾报警控制器和火灾探测器的火灾报警功能。 (4) 系统内的任一消防联动控制器、输出模块和消火栓按钮的启动功能、反馈功能。 (5) 火灾警报功能、应急广播功能。 (6) 消防设备应急电源的转换功能。 (7) 防火卷帘、防火门监控器、气体灭火控制器、自动喷水灭火系统、加压送风系统、排烟系统、电动挡烟垂壁、消防应急照明及疏散指示系统、电梯、非消防电源等的联动控制功能，消防水泵、预作用阀组、雨淋阀组、送风机、排烟风机的直接手动控制功能。 (8) 系统整体联动控制功能

模拟测试 A　2021 年《消防安全案例分析》

【案例题一】

某市一栋综合楼为全玻璃幕墙围护结构，地上42层，地下2层，建筑总高度为128 m，每层面积1 600 m^2。地上1~5层为商业区，6~25层为办公区，26~42层为星级酒店。地下一层为地下汽车库和建筑面积为10 000 m^2的地下商业区，地下二层设置消防水泵房等设备用房和汽车库，消防控制室设在地上一层。

该建筑由市政给水管网的2根DN250的引入管向建筑室外给水环网供水，室外机动车道下的埋地管道最小管顶覆土厚0.80 m。该建筑室内外消火栓系统的设计流量均为40 L/s，湿式自动喷水灭火系统的设计流量为40 L/s。室内消火栓系统采用消防水泵-转输水箱串联分区供水形式，分高、低区两个分区。消防水泵房和消防水池位于地下二层，设置低区消火栓泵2台和高区消火栓转输泵2台。中间消防水泵房和转输水箱位于地上21层，设置高区消火栓供水泵2台，高区消火栓供水泵控制柜与消防水泵布置在同一房间。该建筑屋顶设有消防水箱间和稳压泵，消防水箱底面高出屋面3.5 m。

某次消防技术服务机构对该建筑内湿式自动喷水灭火系统进行检测，检测人员打开末端试水装置，末端试水装置出水后压力和流量逐渐减小，5 min后没有持续水流出，末端试水装置压力表显示为0。经检查，水泵控制柜均处于正常的“自动”控制状态，联动控制器处于“手动”控制状态，报警阀组压力开关在消防控制室有反馈信号。查阅物业管理记录，发现该建筑消火栓系统稳压泵启动次数为18次/h。

根据以上材料，回答下列问题（共18分，每题2分。每题的备选项中，有2个或者2个以上符合题意，至少有1个错项。错选，本题不得分；少选，所选项的每项得0.5分）

1. 下列关于该建筑室内消火栓检测结果描述中符合规范要求的有（　　）。

A. 该建筑的室内消火栓箱内配置了消防水枪、水带，未设置消防软管卷盘

B. 该建筑试验消火栓设置在屋顶，测得其动压为0.4 MPa，充实水柱为13.5 m

C. 该建筑商场部分消火栓型号采用DN80型，办公和酒店部分采用DN65型

D. 该建筑室内消火栓采用旋转型消火栓，其栓口朝向侧面，现场操作旋转性能正常

E. 经测量室内消火栓的最大安装间距为25 m

2. 下列关于该建筑屋顶消防水箱设置要求说法中正确的有（　　）。

A. 该建筑屋顶消防水箱的有效容积不应小于50 m^3

B. 消防水箱的进、出水管上设置带有指示启闭装置的信号阀

C. 高位消防水箱设置的就地玻璃管液位计两端的角阀处于关闭状态

D. 高位消防水箱出水管管径为75 mm

E. 高位消防水箱进水管管径为DN25，可满足8 h充满水的要求

3. 下列关于本案例中消防水泵接合器的设置，符合要求的有（　　）。

A. 低、高区分别设置水泵接合器

B. 低区消火栓水泵接合器设置了3台

C. 墙壁消防水泵接合器与墙面上的门、窗、孔、洞的净距离不小于1 m

D. 水泵接合器距离室外消火栓35 m

E. 高区消火栓系统和湿式自动喷水灭火

系统合用水泵接合器3台

4. 关于该建筑消防水池的下列设计方案中正确的有（　　）。

A. 该建筑消防水池的有效容积为576 m^3，符合规范要求

B. 该建筑消防水池设置就地水位显示的液位计，并在消防控制室设置能显示消防水池水位的装置

C. 消防水池进水管采用DN150两根，能在24 h内充满

D. 消防水池最低有效水位淹没吸水井喇叭口的深度为550 mm

E. 消防水池设置的溢流管，溢流水直接连接室内排水管

5. 下列关于该建筑分区供水说法中正确的有（　　）。

A. 该建筑转输水箱的有效储水容积为50 m^3，同时兼作低区的高位消防水箱

B. 转输水箱的溢流管连接到消防水池

C. 该建筑分区供水可不校核系统供水压力

D. 消防水泵从低区到高区依次顺序启动

E. 该建筑消防水泵应先启动供水泵后再启动转输泵

6. 下列关于该系统增压稳压设施的设置，符合要求的有（　　）。

A. 稳压泵启停次数

B. 稳压泵出水管上设置消声止回阀和明杆闸阀

C. 消火栓系统气压罐容积为120 L

D. 气压罐最低压力控制点满足最不利点消火栓的静水压力大于0.15 MPa

E. 稳压泵的设计流量为1.2 L/s

7. 下列关于该建筑消防给水系统说法中正确的有（　　）。

A. 该建筑供水系统满足两路供水要求

B. 该建筑室外供水管道的覆土深度符合要求

C. 该建筑21层供水泵控制柜防护等级为IP54

D. 该建筑消防水泵出水管上的止回阀采用多功能控制阀，但未设水锤消除器

E. 该建筑室内供水管道均采用热镀锌无缝钢管

8. 下列关于末端试水装置压力为0的原因分析，可能的原因有（　　）。

A. 高位水箱供水管道连接在湿式报警阀组下游

B. 联动控制器处于手动状态

C. 水泵控制柜交流接触器电磁系统故障

D. 压力开关设定值不满足启泵要求

E. 控制水泵输出模块故障

9. 下列关于该建筑内消防设施的维护管理，说法正确的有（　　）。

A. 每年应对消防水池、高位消防水箱等消防水源设施的水位等进行一次检测

B. 每季度应对消防水泵的出流量和压力进行一次试验

C. 每周应对稳压泵的停泵启泵压力和启泵次数等进行检查并记录运行情况

D. 每月应对减压阀组进行一次放水试验

E. 每年应对消火栓进行一次外观和漏水检查

【案例题二】

某商业综合体，建筑面积为6万 m^2，地上8层，地下3层，建筑高度为35 m，其中地下一层为日用品超市和餐饮场所，其中餐饮场所建筑面积为2 000 m^2。地下二层全部为设备用房及地下车库，地上楼层使用功能分别为商场、儿童游乐中心、电影院以及酒店。该综合商场设置有灭火器、室内外消火栓系统、自动喷水灭火系统等消防设施设备。

该建筑建于2010年，2014年正式投入

使用，其部分设计方案采用新材料和新工艺，进行了性能化设计和验证。该商业综合体的产权人和实际管理人为同一家公司，其法人代表王某为总经理，副总经理李某主管消防安全管理工作，下设消防安全管理部门，部门经理为张某。该公司将儿童游乐中心、商场承租给多家单位经营，并设置了微型消防站和志愿消防队。

根据以上材料，回答下列问题（共18分，每题2分。每题的备选项中，有2个或者2个以上符合题意，至少有1个错项。错选，本题不得分；少选，所选的每项得0.5分）

1. 根据《建设工程消防设计审查验收管理暂行规定》（住房和城乡建设部令第51号），下列关于该商业综合体的设计审查的说法，正确的是（　　）。

A. 该建筑实行消防设计审查制度，建设单位应当向住房和城乡建设主管部门申请消防设计审查

B. 消防设计审查验收主管部门应当对该建筑实行备案抽查制度

C. 消防设计审查主管部门应当自受理消防设计审查申请之日起5个工作日内，将申请材料报送省级消防救援部门组织专家评审

D. 相关主管部门应当在收到申请材料之日起10个工作日内组织召开专家评审会，对建设单位提交的特殊消防设计技术资料进行评审

E. 消防设计审查单位应召开专家评审会，专家评审时间不超过30个工作日

2. 根据《大型商业综合体消防安全管理规则（试行）》（应急消〔2019〕314号），该商业综合体的总经理王某应当实施和组织落实的消防安全管理工作有（　　）。

A. 确定逐级消防安全责任

B. 建立消防档案，确定本单位的消防安全重点部位，设置消防安全标识

C. 拟订消防安全工作的资金投入和组织保障方案

D. 组织制订符合本单位实际的灭火和应急疏散预案，并实施演练

E. 组织管理专职消防队和志愿消防队

3. 根据《大型商业综合体消防安全管理规则（试行）》（应急消〔2019〕314号），该商业综合体的保安人员应当履行的消防职责有（　　）。

A. 发现火灾及时报火警并报告消防安全责任人和消防安全管理人

B. 按照本单位的消防安全管理制度进行防火巡查，并做好记录，发现问题应当及时报告

C. 扑救初起火灾，组织人员疏散，协助开展灭火救援

D. 每日测试主要消防设施功能，发现故障应在24 h内排除，不能排除的应逐级上报

E. 确保自身的经营活动不更改或占用经营场所的平面布置、疏散通道和疏散路线，不妨碍疏散设施及其他消防设施的使用

4. 根据《大型商业综合体消防安全管理规则（试行）》（应急消〔2019〕314号），该商业综合体内人员的安全疏散与逃生管理的做法中，不符合要求的是（　　）。

A. 建筑内采用蓄光型指示标志，未采用可变换方向的疏散指示标志

B. 中庭内、自动扶梯下方设置了木质休息座椅

C. 电影院和商场在主要出入口安装了客流监控设备，各使用场所均设置了允许容纳使用人数的标识

D. 儿童游乐中心门禁系统的疏散门设置了安全控制与报警逃生门锁系统，其报警延迟时间最大为10 s

E. 商场营业厅内最远点至最近安全出口需穿过办公区域，其直线距离为 35 m，行走距离为 45 m

5. 根据《大型商业综合体消防安全管理规则（试行）》（应急消〔2019〕314 号），下列关于该商业综合体内餐饮场所的管理，说法符合要求的是（　　）。

A. 餐饮场所严禁使用液化石油气及甲、乙类液体燃料

B. 餐饮场所不得使用燃气

C. 餐饮场所内开放式食品加工区不得采用电加热设施

D. 厨房的油烟管道应当至少每月清洗一次

E. 餐饮场所内的火锅店用餐区域不得使用明火加热食品

6. 根据《大型商业综合体消防安全管理规则（试行）》（应急消〔2019〕314 号），下列关于该商业综合体防火巡查检查以及火灾隐患整改的说法，符合要求的是（　　）。

A. 每年应至少进行一次建筑消防设施联动检查

B. 每月应至少进行一次建筑消防设施单项检查

C. 旅馆在营业时间应至少每日进行一次防火巡查，且应当采用电子巡更设备

D. 对消防救援机构责令限期改正的火灾隐患，在规定的期限内改正后，应当由副总经理李某按程序向消防救援机构提出复查或销案申请

E. 部门经理张某应当组织对报告的火灾隐患进行认定，并对整改完毕的火灾隐患进行确认

7. 根据《大型商业综合体消防安全管理规则（试行）》（应急消〔2019〕314 号），下列关于该商业综合体消防安全教育和培训的说法，不符合要求的是（　　）。

A. 总经理王某应当至少每年接受一次消防安全教育和培训

B. 部门经理张某应当至少每半年接受一次消防安全教育和培训

C. 副总经理李某应当至少每半年接受一次消防安全教育和培训

D. 志愿消防队员应当至少每季度接受一次消防安全教育和培训

E. 保安人员应当至少每半年接受一次消防安全教育和培训

8. 根据《大型商业综合体消防安全管理规则（试行）》（应急消〔2019〕314 号），下列关于该商业综合体灭火应急疏散预案和演练的说法，符合要求的是（　　）。

A. 应当邀请专家团队对该商业综合体的灭火和应急疏散预案进行评估、论证

B. 该商业综合体至少每半年组织开展一次消防演练

C. 该商业综合体应当每年与当地消防救援机构联合开展消防演练

D. 消防演练方案宜报告当地消防救援机构，接受相应的业务指导

E. 产权单位应当制订有针对性的灭火和应急疏散预案，承租单位可不编制应急预案

9. 根据《大型商业综合体消防安全管理规则（试行）》（应急消〔2019〕314 号），下列关于该商业综合体的专兼职消防队伍建设和管理，说法符合要求的是（　　）。

A. 该商业综合体应当设置专职消防队

B. 该商业综合体以“5 min 到场”扑救初起火灾为目标，建立微型消防站

C. 该商业综合体的微型消防站每班（组）灭火处置人员不应少于 6 人，且不得由消防控制室值班人员兼任

D. 微型消防站队员每月技能训练不少于半天，每年轮训不少于 4 d，岗位练兵累计不少于 7 d

E. 微型消防站可与消防控制室合用

【案例题三】

某剪力墙结构高层建筑地下 3 层，地上 30 层。地下层及地上二层层高 5.2 m，三层及以上楼层层高为 3 m，屋顶为可上人平屋顶，室内地面标高为±0.0 m，室外地面标高为-0.5 m。地上每层建筑面积均为 3 000 m^2，地下每层建筑面积均为 4 000 m^2。

建筑临街一侧，首层、二层为理发店、干洗店、小型超市、咖啡店、餐厅等商业用房。咖啡店位于一层，建筑面积为 300 m^2，临街设置一个宽 2.2 m 的双扇玻璃门，店内最远点到店门的直线距离为 30 m。第三层为会议厅，每个厅室的面积为 450 m^2，且采用耐火极限 1.0 h 的隔墙分隔，室内顶棚、墙面和地面分别采用金属龙骨纸面石膏板、防火塑料装饰板和氯丁橡胶地板装修。第四层为幼儿培训中心，第五至十五层全部为办公区域。十六层设置有办公区和住宅区，并采用防火墙和甲级防火门进行分隔，十七层及以上楼层均为住宅。该建筑的楼板在地上部分的耐火极限全部为 1.5 h，地下全部为 2.0 h。

住宅部分的入口在小区内一侧，两部消防电梯和一部剪刀楼梯间与单元门正对布置，剪刀楼梯间的共用前室与两部消防电梯合用一个前室，其合用前室在首层采用扩大前室，通过 1 个净宽度为 2.5 m 的疏散门直通室外。住户户门至楼梯入口的距离最大为 15 m，最小为 5 m。

地下全部为人防工程，地下一层为电影院、服饰商场和 KTV。电影院有 1 个大观众厅（建筑面积 500 m^2）和 3 个小观众厅（建筑面积均为 200 m^2），将电影院单独划分为 1 个防火分区。服饰商场建筑面积为 2 000 m^2，单独划分为 1 个防火分区。KTV 每个厅室的面积为 250 m^2，且采用耐火极限为 2.0 h 的隔墙和乙级防火门分隔。服饰商场和 KTV 的墙面均采用大理石，地面均采用水泥木丝板装修。

地下二层为设备管理用房和汽车库，设备管理用房包括柴油发电机房、消防水泵房和消防控制室，均采用耐火极限为 2.0 h 的防火隔墙与其他部位分隔，墙上的门分别为甲级防火门、甲级防火门和乙级防火门。消防控制室内墙面装修采用矿棉板，地面采用水泥。地下三层全部分汽车库，室内任一点至最近安全出口的最大距离为 60 m。

该建筑按照现行消防技术规范要求设置了相关消防设施。

根据以上材料，回答下列问题（共 22 分）：

1. 试确定该建筑的高度、建筑类别和耐火等级。

2. 请指出该建筑地上部分在平面布置和防火分隔方面存在的消防安全问题，并说明理由。

3. 请指出该建筑地下部分在平面布置和防火分隔方面存在的消防安全问题，并说明理由。

4. 请指出该建筑在防火分区方面存在的消防安全问题，并说明理由。

5. 请指出该建筑在安全疏散方面存在的消防安全问题，并说明理由。

6. 请指出该建筑在内部装修方面存在的消防安全问题，并说明理由。

【案例题四】

某商业建筑地上 4 层、地下 1 层，建筑高度为 18 m，每层建筑面积为 8 000 m^2，地上建筑主要使用性质为商业建筑，地下建筑主要使用性质为汽车库及设备用房。建筑防火及消防设施配置均满足国家有关工程建设消防技术标准的要求。

消防水池及消防泵房设置在地下一层，消防水池有效容积为 400 m^3，消防补水及水池液位显示等满足规范要求。消火栓系统和自动喷水灭火系统分别设消防泵组，喷淋消防泵和消火栓泵均在水池的同一高度取水，两台喷淋消防泵的额定流量为30 L/s，扬程为45 m，一用一备，互为备用，两台消火栓泵的额定流量为40 L/s，扬程为55 m。消防水泵吸水和水泵进出口管道上安装的组件如图1所示。建筑屋顶水箱间内设置有消防水箱及消防稳压装置，高位消防水箱有效容积为18 m^3，自动喷水灭火系统稳压泵的额定流量为1 L/s，扬程为22 m，稳压泵启动停止由电接点压力表控制，启泵压力为0.16 MPa，停泵压力为0.21 MPa。

自动喷水灭火系统采用湿式系统，3台湿式报警阀组位于消防泵房内，环状供水。系统最不利点喷头的工作压力为0.1 MPa，商场部分玻璃球泡5 mm的ZSTDY15-68 ℃型喷头，地下车库采用玻璃球泡3 mm的ZSTZ15-68 ℃型喷头，流量系数K均为80，喷头间距为3.6 m×3.6 m，配水支管及配水管管径均符合《自动喷水灭火系统设计规范》的要求。

维保单位承接该项目的维保工作后，拟对该项目消防设施进行全面检测。维保单位测试人员检查了末端试水装置及湿式报警阀，末端试水装置压力表显示静压为0.17 MPa，湿式报警阀入口压力表显示静压为0.35 MPa。水泵控制柜均处于自动启动挡，测试喷淋消防泵及稳压泵均工作正常，喷淋消防泵启动时，部分水流指示器发出动作信号随后恢复正常。测试时，测试人员打开末端试水装置控制阀，调整控制阀至放水流量为1.3 L/s，开始后95 s时，水流指示器动作发出报警信号，至120 s时，湿式报警阀未动作。停止测试后，测试人员检查了湿式报警阀组，所有控制阀均处于正常状态。随后测试人员按上述方法重新测试，85 s时水力警铃及压力开关动作，距水力警铃5 m处的声强为69 dB，但喷淋消防泵未启动。现场通知消防控制室将消防联动控制器转到自动状态，

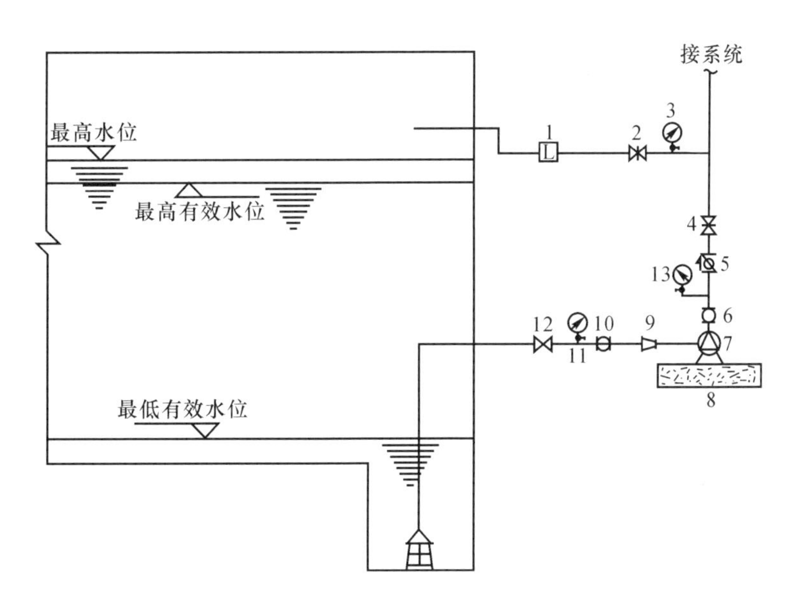

1—流量计；2，4—明杆闸阀；3，13—压力表；5—止回阀；6，10—可挠曲接头；7—喷淋消防泵；8—水泵基础；9—同心大小头；11—真空压力表；12—无刻度暗杆闸阀。

图1　消防水泵吸水和水泵进出口管道上附件连接示意图

喷淋消防泵正常启动，所有动作信号均反馈至消防控制室。

为提高商场视觉效果，业主希望将中部约 500 m^2 的一至四层打通作为共享空间，希望维保单位对消防系统改造提出建议。维保单位的建议是采用无机防火卷帘将共享空间与二、三、四层其他部位分隔，以满足防火分区要求，共享空间顶部增加机械排烟设施，通过火灾报警系统联动防火卷帘及机械排烟设施；对自动喷水系统进行改造，共享空间区域仍采用湿式自动喷水系统进行保护。

根据以上材料，回答下列问题（共20分）：

1. 指出消防给水系统中存在的问题，并说明理由。

2. 指出自动喷水灭火系统中存在的问题，并说明理由。

3. 指出系统中水力警铃第一次测试时未动作的原因。

4. 指出维保单位测试结果中不符合规范要求的地方，并说明理由。

5. 指出中庭采用自动喷水系统改造过程中应注意的问题。

【案例题五】

某2层谷物物流中心，非自动化控制，建筑高度为 10 m，耐火等级为一级。按使用功能水平分为分拣加工作业区与仓储区两部分，两者之间采用防火墙完全分隔。该建筑的建筑构件的燃烧性能和耐火极限见表1。

表1 建筑构件的燃烧性能和耐火极限

构件名称	柱	屋顶承重构件	楼板	吊顶
燃烧性能、耐火极限	不燃性 2.50 h	不燃性 1.00 h	不燃性 2.00 h	难燃性 0.30 h

分拣加工作业区每层建筑面积为 3 000 m^2，均划分为 1 个防火分区，第二层靠外墙设置了 150 m^2 的储存包装袋的中间仓库和 100 m^2 的面粉碾磨间。中间仓库采用 3.00 h 的防火隔墙和甲级防火门与其他区域分隔；面粉碾磨间采用 2.00 h 的防火隔墙与其他部位分隔，墙上的门采用乙级防火门。首层设置了一间办公室，采用耐火极限为 2.00 h 的防火隔墙和乙级防火门与其他部位分隔，且与分拣加工区共用安全出口。分拣加工区内设置了 2 座敞开楼梯间，楼梯宽度为 1.5 m，且室内任一点到安全出口的最大距离为 75 m。

仓储区每层建筑面积 8 000 m^2，每层采用耐火极限为 3.00 h 的防火墙和防火卷帘平均划分为 2 个防火分区，其中设有门卫宿舍，采用耐火极限为 2.5 h 的防火隔墙和乙级防火门与其他部位分隔。仓储区内设置了敞开楼梯间，并在首层直通室外，首层靠墙外侧设置了 4 个宽度均为 6 m 的推拉门。

该建筑内全部设置自动喷水灭火系统和火灾自动报警系统等消防设施。该建筑四周设置有燃煤锅炉房（建筑高度为 4 m，二级耐火等级）、综合办公楼（建筑高度为 26 m，二级耐火等级）、室外停车场、车辆装配车间（建筑高度为 6 m，三级耐火等级）。

根据以上材料，回答下列问题（共22分）：

1. 请指出面粉碾磨间、中间仓库的火灾危险性？指出该建筑的火灾危险性及分类？指出该建筑四周的燃煤锅炉房、车辆装配车间的火灾危险性？

2. 请指出该建筑的建筑构件设置是否满足规范要求，并说明理由。

3. 请指出该建筑在防火分区划分方面是否满足规范要求，并说明理由。

4. 请指出该建筑在平面布置和防火分隔方面存在的消防安全问题，并说明理由。

5. 请指出该建筑在安全疏散方面存在的

消防安全问题，并说明理由。

6. 请确定该建筑与四周建筑物或场所的最小防火间距。

【案例题六】

某商业综合体地上共 6 层，地下 2 层，建筑高度为 23.4 m，每层建筑面积为 8 000 m^2，一楼中庭贯通了地上 6 层，设置了火灾自动自动报警系统、自动喷水灭火系统以及应急照明与疏散指示系统等设施。该综合体采用集中报警系统，控制室内设火灾报警控制器（联动型）1 台共 8 回路，每层为一条总线回路，最大负载为 256 个点。地下一层、二层均为 140 个报警点，60 个联动点；地上综合体 1～5 层各有 180 个报警点；第 6 层有 160 个报警点，70 个联动点。每一条报警总线上均设有 1 台楼层显示器和隔离器。消防技术服务机构受业主委托，对相关消防设施进行了检测，有关情况如下：

（1）中庭部位设置了红外光束感烟探测器 3 组，采用分层组网的探测方式，在距离地面 6.5 m、12 m 和 20 m 处各设一组探测器。检测人员在对 3 组探测器检测时，遮挡了探测器开始计时，探测器随即发出故障信号，15 s 转入报警信号，火灾报警控制器在 30 s 时收到报警信号。

（2）中庭由于高度超过 18 m，采用了雨淋系统进行保护。检测雨淋系统时采用检测管道进行。现场模拟了两组红外光束感烟探测器报警，火灾报警控制器（联动型）收到信号后，雨淋阀组上电磁阀未动作。

（3）2～6 层中庭周围设置了 4 道防火卷帘，现场模拟了一楼任意两只感烟探测器报警，2～6 层防火卷帘中，有两道防火卷帘未动作，其余全部一次降落到楼板面。

（4）疏散指示系统采用自带电源非集中控制系统，按照楼层为基本单元确定疏散方案，在每层均设置有应急照明和疏散指示系统，并在疏散通道地面的中心位置设有保持视觉连续的方向标志灯，设置间距为 5 m。

经检查，火灾报警控制器（联动型）处于自动状态，线路均完好。该建筑其他关于建筑防火设计与消防设施均符合规范要求。

根据以上材料，回答下列问题（共 20 分）：

1. 指出火灾自动报警系统中存在的问题，并说明理由。

2. 红外光束感烟探测器的安装与检测结果是否符合规范要求，请说明理由。

3. 简述雨淋自动喷水灭火系统未启动的原因。

4. 中庭周围防火卷帘降落程序是否正确，请说明理由。其中两道防火卷帘未动作，请分析其可能的原因。

5. 指出应急照明与疏散指示系统检测中存在的问题，请说明理由。

模拟测试 B　2021 年《消防安全案例分析》

【案例题一】

某大型商业综合体，地上18层，地下2层，每层建筑面积均为6 000 m^2，建筑高度为60 m。地上首层至四层为商场，五层为餐饮场所，六层为电影院和KTV，第七层为展览馆，顶层为老年人照料设施，其余为酒店和办公区。地下一层为大型超市和汽车库，地下二层为设备用房和汽车库。

该商业综合体是由房地产开发公司甲建造，其中办公场所全部出售给零散业主，其他部分产权方均为甲，经营人全部为承租户。该建筑由建设单位甲的下属物业公司乙统一管理。在物业管理合同中约定了产权人、承租人和委托管理单位的消防安全管理职责，明确了物业公司副经理赵某为消防安全管理人。物业公司乙下设专职消防队和安管部门，消防控制室操作人员8人，并与消防设施维保检测机构签订维保合同。

某天，KTV店主徐某雇佣工人在营业期间进行小范围装修，电焊工进行焊接作业时，焊渣点燃周围可燃物，徐某发现后，立即找到建筑内配备的灭火器开始扑救火灾，但是毫无效果，因此火灾发展迅速，造成13人死亡，20人重伤，直接财产损失2 000万元。经事故调查发现，半个月前，单位自行组织消防安全大检查，发现店主徐某的装修违规行为并加以纠正，但店主拒不改正。为了管理方便，有两个安全出口被封闭，消防控制室现场无人值守，现场工作人员没有履行疏散引导职责，造成顾客难以及时有效疏散，且建筑配备的一部分灭火器不合格，KTV场所使用易燃、可燃材料装修装饰，且未设置火灾自动报警系统，地下超市的安全出口总净宽度为国家标准规定值的90%。建筑内防火门、防火卷帘损坏的数量占本防火分区相应防火分隔设施总数的35%，商店营业厅内的疏散距离为国家标准规定值的130%。最终造成火势扩大，事故后果非常严重。

根据以上材料，回答下列问题（共18分，每题2分。每题的备选项中，有2个或者2个以上符合题意，至少有1个错项。错选，本题不得分；少选，所选的每项得0.5分）

1. 根据《注册消防工程师管理规定》和《大型商业综合体消防安全管理规则（试行）》（应急消〔2019〕314号），下列说法正确的是（　　）。

A. 二级注册消防工程师可对该建筑的消防设施进行维护保养检测

B. 二级注册消防工程师可对该建筑进行消防安全管理

C. 该建筑应当根据需要邀请专家团队对灭火和应急疏散预案进行评估、论证

D. 该建筑应当每两年与当地消防救援机构联合开展消防演练

E. 该建筑可不设置单位专职消防队

2. 根据《中华人民共和国刑法》和《中华人民共和国消防法》，下列对当事人和单位的处理方案正确的有（　　）。

A. KTV店主徐某犯有消防事故责任罪，处三年有期徒刑

B. 电焊工犯有重大责任事故罪，处三年有期徒刑

C. 没有履行疏散引导职责的现场工作人员被处十二天的拘留

D. 由于封闭安全出口，物业公司乙被处3万元罚款

E. 由于设置不合格的灭火器，物业公司乙被处3000元罚款

3. 关于购物中心火灾的说法，正确的有（　　）。

A. 属于A类火灾

B. 属于重大火灾事故

C. 属于特别重大火灾事故

D. 本起火灾事故应由市级消防救援机构组织调查

E. 本起火灾事故应由省级公安机关组织调查

4. 根据《大型商业综合体消防安全管理规则（试行）》（应急消〔2019〕314号），物业公司副经理赵某应当实施和组织落实的消防安全管理工作有（　　）。

A. 应当取得注册消防工程师执业资格或者工程类中级以上专业技术职称

B. 组织本单位员工开展消防知识、技能的教育和培训，拟订灭火和应急疏散预案，组织灭火和应急疏散预案的实施和演练

C. 建立消防安全工作例会制度，定期召开消防安全工作例会

D. 建立消防档案，确定本单位的消防安全重点部位，设置消防安全标识

E. 组织制订灭火和应急疏散预案，并定期组织实施演练

5. 根据《大型商业综合体消防安全管理规则（试行）》（应急消〔2019〕314号），下列关于该商业综合体内消防安全重点部位管理，做法符合要求的是（　　）。

A. 餐饮场所采用管道供气方式的天然气作燃料

B. 办公室内设置配备应急手电筒、防烟面具等逃生器材

C. 柴油发电机房内的柴油发电机每季度启动试验一次

D. 厨房的油烟管道每两个月清洗一次

E. 电影院在电影放映前，播放最新电影宣传片，电影放映后，播放消防宣传片

6. 该商业综合体事故调查结果中，属于综合判定的重大火灾隐患要素的是（　　）。

A. 消防控制室现场无人值守

B. KTV场所使用易燃、可燃材料装修装饰，且未设置火灾自动报警系统

C. 两个安全出口被封闭

D. 建筑内防火门、防火卷帘损坏的数量占本防火分区相应防火分隔设施总数的35%

E. 地下超市的安全出口总净宽度为国家标准规定值的90%

7. 该商业综合体存在的下列问题，属于重大火灾隐患直接判定要素的是（　　）。

A. 顶层为老年人照料设施

B. 商店营业厅内的疏散距离为国家标准规定值的130%

C. KTV场所未设置火灾自动报警系统

D. 建筑配备不合格的灭火器

E. 地下超市的安全出口总净宽度为国家标准规定值的90%

8. 下列关于该商业综合体的“三项报告备案”制度的说法，错误的是（　　）。

A. 该商业综合体的专（兼）职消防管理员、消防控制室值班操作人员等，自确定或变更之日起5个工作日内，向该购物中心的消防安全责任人报告备案

B. 该商业综合体应定期对建筑消防设施进行功能检测，将维护保养合同、记录、设备运行记录每年向当地消防救援机构报告备案

C. 该商业综合体委托的消防设施维保检测机构，自签订维护保养合同之日起5个工作日内向当地消防救援机构报告备案

D. 该商业综合体应每月组织一次消防安全管理情况自我评估，自评估完成之日起7个工作日内将评估情况向当地消防救援机构备案

E. 该商业综合体的消防安全责任人、消防安全管理人自确定或变更之日起5个工作日内，向当地消防救援机构报告备案

9. 该商业综合体所设置的下列场所中，既属于消防安全重点单位，又属于公众聚集

场所的是（　　）。

A. 建筑面积为 3 000 m^2 的地下大型超市

B. 建筑面积为 150 m^2 的儿童游乐厅

C. 住宿床位数为 60 张的老年人照料设施

D. 建筑面积为 6 000 m^2 的展览馆

E. 建筑面积为 6 000 m^2，客房间数为 80 间的宾馆

【案例题二】

某写字楼地下 2 层，地上 45 层，建筑高度为 162 m，建筑为玻璃幕墙结构，长 100 m，宽 40 m，总建筑面积为 166 000 m^2，按照国家标准设置相应的消防设施。

该建筑室内消火栓系统采用消防水泵串联分区供水形式，分高、低两个分区。消防水泵房和消防水池位于地下二层，消防水池共两格，总有效容积为 840 m^3，设置低区消火栓泵 2 台（一用一备）和高区消火栓转输泵 2 台（一用一备），中间消防水泵房和转输水箱位于地上 20 层，转输水箱采用不锈钢材质，尺寸为 4 m×4 m×4 m。设置高区消火栓供水泵 2 台（一用一备）。高区消火栓泵控制柜与消防水泵房布置在同一房间，水泵控制柜采用 IP50 防护等级，屋顶设置 4 m×4 m×3 m 不锈钢高位消防水箱和稳压泵等设施，低区消火栓由中间转输水箱和低区消火栓泵供水，高区消火栓由屋顶消防水箱和高区消火栓转输泵、高区消火栓转输供水泵连锁启动供水。该建筑室外消火栓系统设计流量为 40 L/s，在建筑扑救面一侧设置了 2 个 SS100-1.6 室外消火栓，由市政管网供水，另一侧距建筑 12 m 的消防车道有市政消火栓管网，最近的 2 个市政消火栓距离建筑物均不超过 40 m，室内消火栓系统设计流量为 40 L/s。建筑一字形内走道按照 20 m 的安装间距（与端墙距离 10 m）每层设置 5 个 DN65 室内消火栓，消火栓配有 DN65 水带、消防水枪及接口，低区和高区分别设置了 SQB150-1.6 型水泵接合器各 2 台；湿式自动喷水灭火系统的设计流量为 30 L/s，低区和高区分别设置了 SQB150-1.6 型水泵接合器各 2 台，水泵接合器距离地面高度为 0.7 m。

2021 年 6 月，维保单位对该建筑内消火栓系统进行了检测，情况如下：

（1）在 45 层打开室内消火栓，流量开关收到水流信号 76 s 后地下二层转输泵启动，50 s 后消火栓泵正常启动。

（2）经测试，最不利处消火栓栓口静压为 0.1 MPa，消火栓泵启动后，消火栓栓口压力为 0.6 MPa，充实水柱长度为 17.3 m。

（3）测试低区的水泵启动情况，将水泵控制柜打在“1 用 2 备”档，从高位水箱放水，流量开关发出信号，1 号泵没有启动，100 s 时 2 号泵启动并正常供水。

排除维保过程中出现的问题后，维保单位对该建筑物消防设施进行了季度性维护保养。

根据以上材料，回答下列问题（共 18 分，每题 2 分。每题的备选项中，有 2 个或者 2 个以上符合题意，至少有 1 个错项。错选，本题不得分；少选，所选的每项得 0.5 分）

1. 在水泵房的设计上，以下判断正确的是（　　）。

A. 消防水池不得设置在地下二层

B. 消防水池设计为两格不符合要求

C. 在室外设有从消防水池取水的取水口，距建筑物距离为 20 m

D. 中间消防水泵房内控制箱防护等级不符合要求

E. 消防水池能在 36 h 内完成补水

2. 关于高位消防水池和高位消防水箱的说法，正确的是（　　）。

A. 若建筑采用高位消防水池供水，高位

消防水池应设置为两座独立使用的消防水池

B. 若高位消防水池设置在该建筑物内时，应采用耐火极限不低于 2.00 h 的防火隔墙和 1.50 h 的楼板与其他部位隔开，并应采用甲级防火门

C. 屋顶消防水箱容积不满足规范要求

D. 当高位消防水箱采用防止旋流器时，淹没高度不应小于 200 mm

E. 高位消防水箱可采用钢筋混凝土建造

3. 关于高位消防水箱设置的说法符合规范要求的是（　　）。

A. 高位消防水箱可以设置在屋顶露天，但应对人孔和进出水管阀门采用保护措施及防冻措施

B. 高位消防水箱的顶部人孔与其上面的建筑物楼板的净空高度不应小于 1.0 m

C. 高位消防水箱进水管的管径应满足消防水箱 8 h 充满水的要求，但管径不应小于 DN50

D. 高位消防水箱出水管管径应满足消防给水设计流量的出水要求，且不应小于 DN100

E. 若进水管设计为 DN50，则溢流管可以设计为 DN100

4. 关于分区供水的说法，正确的是（　　）。

A. 当消火栓栓口静压大于 1.0 MPa，或自动喷水灭火系统报警阀处的工作压力大于 1.5 MPa 时，应该采用分区供水

B. 当系统的工作压力大于 2.4 MPa 时，可采用减压水箱的分区供水形式

C. 当采用消防水泵转输水箱串联时，转输水箱的有效储水容积不应小于 100 m^3

D. 采用减压水箱减压分区供水时，减压水箱的有效容积不应小于 60 m^3，且宜分为两格

E. 减压阀宜采用比例式减压阀，当超过 1.20 MPa 时，宜采用先导式减压阀

5. 关于本案例中消防给水系统配置上存在的问题，说法正确的是（　　）。

A. 应在该建筑消防电梯前室或合用前室设置消火栓，不计入室内可使用的消火栓数量

B. 本建筑室内消火栓系统水泵接合器数量不足

C. 本建筑消火栓箱的配置不符合规范规定

D. 水泵接合器设置位置不符合要求

E. 室内消火栓的安装间距不符合要求

6. 在消火栓系统检测过程中存在的问题，说法正确的是（　　）。

A. 以手动方式直接启动消防水泵时，消防水泵应在 55 s 内投入正常运行

B. 先启动转输泵，后启动消火栓泵的顺序符合要求

C. 最不利点消火栓栓口静压不符合要求

D. 消火栓栓口动压和水柱长度符合要求

E. 消防水泵零流量时的压力不应超过设计工作压力的 160%

7. 关于消防水泵的设置，符合要求的是（　　）。

A. 单台消防水泵的最小额定流量不应小于 10 L/s

B. 本案例中先启动 1 号泵，再启动 2 号泵符合要求

C. 当采用电动机驱动的消防水泵时，应选择电动机干式安装的消防水泵

D. 柴油机消防水泵应具备连续工作的性能，试验运行时间不应小于 48 h

E. 消防水泵从市政管网直接抽水时，应在消防水泵出水管上设置有旋流防止器

8. 对于消防给水及消火栓系统的检查，以下属于季度检查内容的是（　　）。

A. 手动启动消防水泵运转一次，并应检

查供电电源的情况

B. 对消防水泵的出流量和压力进行一次试验

C. 减压阀的流量和压力进行一次试验

D. 检测市政给水管网的压力和供水能力

E. 对系统所有的末端试水阀和报警阀的放水试验阀进行一次放水试验

9. 关于消防水泵的控制与操作，正确的是（ ）。

A. 超低水位时消防水泵应能自动停泵

B. 消防水泵出水干管上的压力开关可以直接启动消防水泵

C. 本案例中的自动喷水灭火系统在24 h有人值班时，可以将消防水泵设置在手动启动状态

D. 当水泵控制柜设置在自动启动状态时，在消防控制室可以手动直接启泵

E. 消防水泵控制柜应设有确保消防水泵在报警5.0 min内正常运转的机械应急启泵功能

【案例题三】

某一级耐火等级的星级旅馆建筑，建筑高度为128.0 m，下部设置3层地下室（每层层高4 m）和4层裙房。裙房的建筑高度为22 m，高层主体东侧为旅馆主入口，设置了长12 m、宽6 m、高5 m的门廊，北侧设置员工出入口。

建筑主体外墙全部设置玻璃幕墙，其耐火完整性为0.5 h。建筑周围设置宽度为6 m的环形消防车道，消防车道的内边缘距离建筑外墙6~22 m。沿建筑高层主体东侧和北侧连续设置了宽度为15 m的消防车登高操作场地，北侧的消防车登高操作场地距离建筑外墙12 m，东侧距离建筑外墙6 m。

地下一层设置总建筑面积为7 000 m^2的家具灯饰商店，总建筑面积为980 m^2的卡拉OK包房20间和1个建筑面积为260 m^2的舞厅。地下二层设置干式变压器室、常压燃油锅炉房等设备用房和汽车库。地下三层设置消防水池、消防水泵房、柴油发电机房和汽车库。

地下一层疏散总净宽度为15 m，娱乐区与商店之间采用防火墙完全分隔。本层卡拉OK区域的每间卡拉OK的包房均采用2.00 h耐火极限的实体墙，门均为木质隔音门。商店区域内的相邻防火分区之间有一道宽度为9 m（分隔部位长度为30 m）的防火卷帘，防火卷帘旁设置了一道通向相邻防火分区的甲级防火门作为安全出口。

裙房每层建筑面积均为5 000 m^2，均划分为一个防火分区。地上一、二层设置日用百货商场，三层设置儿童服装用品商店和“宝宝乐”等儿童活动场所，四层设置餐饮场所和电影院。裙房与高层主体之间用防火墙和甲级防火门进行了分隔。

高层主体中设置了1个避难层，其疏散楼梯间、客房、公共走道的地面均为阻燃地毯，客房墙面贴有墙布。首层旅馆大堂和地下汽车库的墙面均为大理石装修，地面均为水泥刨花板。旅馆大堂设置了4个直通室外宽度为1.2 m的疏散门，且室内任一点至疏散门的距离均不大于35 m。

建筑高层主体、裙房和地下室的疏散楼梯均采用了上下连通的防烟楼梯间，地下楼层的疏散楼梯在首层与地上楼层的疏散楼梯已采用防火隔墙和防火门完全分隔。该建筑主体设置了2部消防电梯，其中1部与防烟楼梯间合用的前室，合用前室使用尺寸为6 m×2 m。每部能够承重1 t，首层至顶层的运行时间为58 s，另外1部消防电梯前室在首层通过长度为35 m的通道直通室外。消防电梯井底部设置有容积为2.5 m^3的排水井，排水泵的排水量为5 L/s。

该建筑已按现行有关国家工程建设消防

技术标准的规定设置了室内消火栓、自动喷水灭火系统和火灾自动报警系统等消防设施。

根据以上材料，回答下列问题（共20分）：

1. 请指出该建筑在总平面布局方面存在的消防安全问题，并简述理由。

2. 请指出该建筑在平面布置方面存在的消防安全问题，并简述理由。

3. 请指出该建筑在防火分区和防火分隔方面存在的消防安全问题，并简述理由。

4. 请指出该建筑在安全疏散和避难设施方面存在的消防安全问题，并简述理由。

5. 请指出该建筑内部装修防火和消防电梯方面存在的消防安全问题，并简述理由。

【案例题四】

某交通枢纽控制中心办公楼，建筑层数为5层，1~4层层高4 m，5层层高6 m，建筑高度22 m，按照国家标准规范要求设置了室内外消火栓系统、火灾自动报警系统。办公楼四层通信室、数据储存间、五层控制大厅设置一套组合分配式高压二氧化碳气体灭火系统，设计采用全淹没灭火系统，灭火剂瓶站设置在四层专用房间内。组合分配系统的主要设计参数见表1，组合分配系统储存容器管网连接示意图如图1所示。

表1　高压二氧化碳气体组合分配系统的主要设计参数

防护区名称和编号	通信室A	数据储存间B	控制大厅C
防护区面积/m^2	240	100	1 200
设计灭火浓度/%	47	62	62
设计灭火剂喷放时间/s	60	30	60
分配储瓶数/只	5	2	30
系统储瓶容积/L	150	150	150

工程验收前，建设单位委托某消防技术服务机构对该项目进行了验收前检测。消防技术服务机构人员首先到消防控制室了解了火灾自动报警系统的运行情况，发现一层走道的一只感烟探测器被屏蔽，施工单位解释说火灾自动报警系统调试后显示系统是正常的，这只探测器是临时误报，因不影响气体保护区的联动，遂对其进行了屏蔽。随后，消防技术服务机构对高压二氧化碳气体灭火系统进行了检测，模拟启动试验时，将启动电磁阀与钢瓶瓶头阀分离，模拟火灾后30 s，发现通信室的启动电磁阀未动作，其余防护

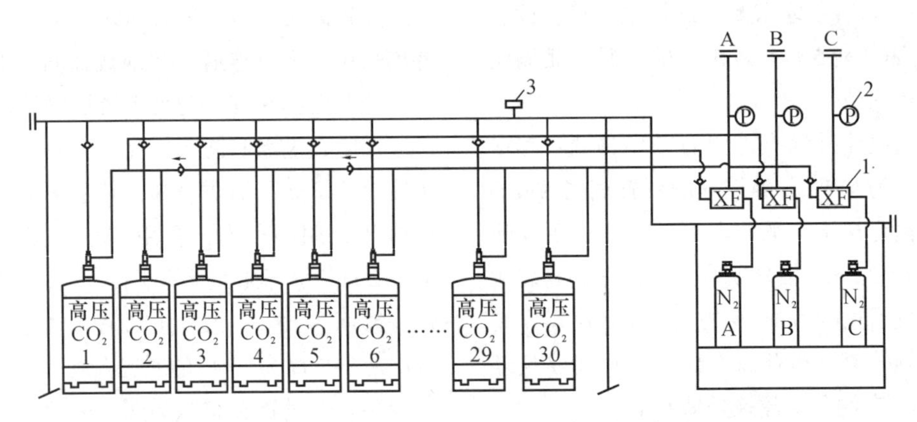

图1　组合分配系统储存容器管网连接示意图

区均正常。检测完毕后，消防技术服务机构提出了如下三条整改建议：

（1）检测员甲认为，五层控制大厅的面积较大，应划分为两个防护区。

（2）检测员乙在查阅调试报告记录时发现，该系统仅进行了模拟启动试验，未进行模拟喷气试验，应补充完善该调试过程。

（3）对屏蔽的火灾探测器应进行整改。

根据以上材料，回答下列问题（20 分）：

1. 分析通信室启动电磁阀未动作原因。

2. 图 1 启动管路上缺少气体单向阀，请在图上标注位置并指明气体流动方向，同时指出 1、2、3 分别代表的组件名称。

3. 检测员甲的说法是否正确，请说明理由。

4. 结合该组合分配系统的设计，请帮项目经理编写模拟喷气试验的调试方案。

5. 简述施工单位对探测器故障的整改方案。

【案例题五】

东北某毛皮制品企业高架成品仓库，地上 3 层，耐火等级为二级，建筑高度为 18 m，每层建筑面积为 6 000 m^2，设置了预作用自动喷水灭火系统，准工作状态时严禁管道充水。除了配置预作用自动喷水灭火系统外，还设置了室内消火栓和火灾自动报警系统等消防设施，消防水泵房设在独立的泵房内，室内消火栓与自动喷水灭火系统共用消防水泵，共用管道在预作用报警装置前分开，水泵出口压力为 1.0 MPa，流量为 45 L/s（其中消火栓系统为 15 L/s）；屋顶消防水箱最低有效水位距离最不利点洒水喷头高差为 6 m，距离最不利点消火栓高差为 8 m，水箱有效容积为 18 m^3。仓库顶板下和货架内均设置有标准流量快速响应洒水喷头，货架采用非封闭隔板分隔，喷头未作保护，型号为 ZST-GX15-68 ℃。水泵房内设预作用装置 1 台，泵房内设采暖设备。检测人员通过现场检查和核查相关记录后发现：

（1）末端试水装置安装在三层卫生间内，其结构如图 2 所示，系统开启后，压力表显示压力约为 0.03 MPa。

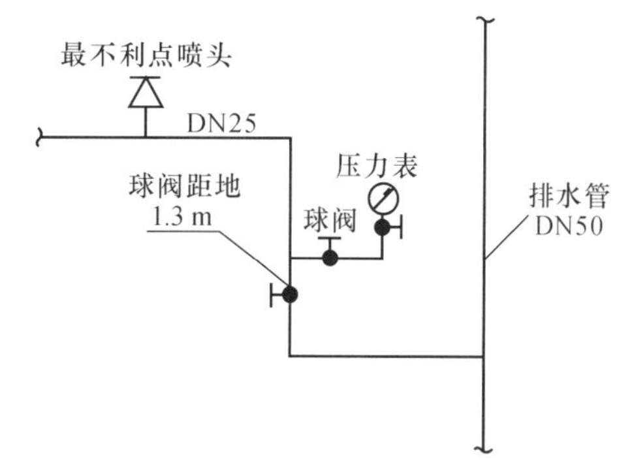

图 2　自动喷水灭火系统末端试水装置示意图

（2）打开屋顶试验消火栓，消防控制室收到流量开关反馈信号，但消防水泵 5 min 后未启动，遂停止试验。

（3）查阅自动喷水灭火系统试压记录，管道强度试验压力为 1.4 MPa，试验合格后对其进行了冲洗和严密性试验，试验压力为 1.0 MPa。

（4）查阅调试报告，系统模拟火灾信号，开启了末端试水装置后 95 s 时，系统出现持续性水流，末端试水装置压力表显示压力为 0.1 MPa。

（5）确认火灾报警控制器（联动型）、消防水泵控制柜处于自动状态后，检查人员触发仓库 2 层内的一只感烟探测器和一只手动报警按钮，消防泵在 2 min 之内启动，消防控制室收到反馈信号。

根据以上材料，回答下列问题（22 分）：

1. 指出预作用系统中配置存在的问题，并说明如何改正。

2. 指出末端试水装置存在的问题，并说明如何改正。

3. 分析出水干管流量开关动作后，水泵未启动的原因。

4. 指出系统试压和调试中存在的主要问题，并说明理由。

5. 喷淋泵启动控制程序是否正确？请说明理由。

【案例题六】

某大型服装厂房，地上 2 层，地下 1 层，东西长度为 200 m，南北宽 50 m，建筑高度为 11 m，每层建筑面积均相同。该厂房梁的耐火极限为 2.00 h，楼板采用预应力钢筋混凝土楼板，耐火极限为 1.00 h，上人平屋顶的屋面板的耐火极限为 1.50 h。该厂房的外墙外保温系统采用无空腔型，保温材料采用酚醛泡沫，屋面保温材料采用聚氨酯，保温系统外表面均采用 10 mm 的不燃材料作防护层。该厂房按照国家规范要求设置了室内消防栓和自动喷水灭火系统。

厂房地上每层均在长边中部，并沿南北方向设置一条 1.2 m 宽的走道，将厂房分隔为 2 个防火分区，走道两侧均为防火墙。厂房首层靠西侧外墙为建筑面积 1 000 m^2 的辅料和成品库及配套辅助用房，其余部位为生产加工车间及配套辅助用房。为了机械设备正常运转和保养，厂房东北靠外墙设置了一个储存 3 m^3 机车油的中间储罐，采用 3.00 h 的防火隔墙与厂房分隔。辅料和成品库内采用耐火极限为 1.50 h 的岩棉夹芯彩钢板分隔出面积为 50 m^2 的库管办公室，办公室安装 1 个乙级防火门通向厂房外。辅料和成品库内安装两个乙级防火门通向走道。首层设计人数为 200 人。

二层靠西侧外墙为一个 800 m^2 的辅料和成品库以及一个 200 m^2 的制水间，其余区域为生产区。生产区与库房、制水间所在区域通过防火墙分隔。厂房使用的天然气管道、洁净压缩空气管道及纯化水管道等通过防火墙上的预留孔洞输送到生产区。二层设置了两部梯段宽度为 1.1 m 的封闭楼梯间，生产区最不利工位距离最近的疏散楼梯间为 60 m，第二层设计人数为 400 人。紧靠楼梯间在首层的出口设置净宽度为 1.2 m 的厂房外门，外门和楼梯间的门均采用双向弹簧门。

地下一层设置生产区域和锅炉房及其辅助用房，采用防火墙和防火卷帘平均划分为四个防火分区。锅炉房采用液化石油气作为燃料。锅炉房的排风机房贴邻锅炉房布置在同一层，排风管采用金属管道，并暗敷直接通向室外安全地点。生产区域最不利工位距离最近的疏散楼梯间为 40 m。

沿该建筑两个长边设置了宽 10 m，坡度为 3% 的消防车道，其中南侧长边的消防车道兼做登高操作场地，消防车道靠建筑外墙一侧的边缘距离建筑外墙均为 8 m，建筑南侧外墙每层设置有 1.0 m×1.2 m 消防救援窗口，每层窗口间距为 25 m。

根据以上材料，回答下列问题（共 22 分）：

1. 请指出该厂房的建筑分类和耐火等级。

2. 请指出该建筑在防火分区和外保温系统方面存在的消防安全问题，并说明理由。

3. 请指出该建筑在平面布置和防火分隔方面存在的消防安全问题，并说明理由。

4. 请指出该建筑在安全疏散方面存在的消防安全问题，并说明理由。

5. 请指出该建筑锅炉房及其辅助用房设置和消防救援设施方面存在的消防安全问题，并说明理由。

参 考 答 案

模拟测试 A 2021 年《消防安全案例分析》答案

【案例题一】

1. BDE　2. ABC　3. ABD　4. ABC　5. BCE　6. BDE　7. DE　8. AC　9. BD

【案例题二】

1. AD　2. AD　3. ABC　4. AE　5. ABE　6. BE　7. AD　8. BD　9. CDE

【案例题三】

1. ① 该建筑为公共和住宅用途混合的公共建筑。建筑高度 $H=5.2\times2+3\times28+0.5=94.9$（m）。

② 该建筑为一类高层公共建筑，应设置火灾自动报警系统和自动喷水灭火系统。

③ 该建筑耐火等级应为一级。

2. 消防安全问题：① 地上第四层为幼儿培训中心。

② 十六层的办公区和住宅区之间采用防火墙和甲级防火门进行分隔。

③ 建筑地上住宅部分和非住宅部分采用耐火极限为 1.5 h 的楼板进行分隔。

理由：① 儿童活动场所当设置在一、二级耐火等级的建筑内时，不应超过 3 层。

② 高层建筑内住宅部分与非住宅部分之间，应采用无门、窗、洞口的防火墙完全分隔。

③ 高层建筑内住宅部分与非住宅部分之间，应采用耐火极限不低于 2.00 h 的不燃性楼板完全分隔。

3. 消防安全问题：① 地下一层 KTV 每个厅室的面积为 250 m^2。

② 地下二层设置柴油发电机房。

③ 地下二层设置消防控制室。

④ 消防控制室采用乙级防火门。

理由：① KTV 确需布置在地下一层时，一个厅室的建筑面积不应大于 200 m^2。

② 柴油发电机房不应布置在人员密集场所的上一层、下一层或贴邻。

③ 附设在建筑内的消防控制室，宜设置在建筑内首层或地下一层。

④ 在人防工程中的消防控制室应采用甲级防火门。

4. 消防安全问题：

① 地下人防工程内电影院划分为一个防火分区。

② 地下工程内的服饰商场建筑面积为 2 000 m^2，划分 1 个防火分区。

理由：① 人防工程内的电影院、礼堂的观众厅，防火分区允许最大建筑面积不应大于 1 000 m^2。当设置有火灾自动报警系统和自动灭火系统时，其允许最大建筑面积也不得增加。而本题中电影院的建筑面积最少为 $500+200\times3=1\,100$（m^2），划分一个防火分区不合理。

② 商业营业厅、展览厅等，当设置有火灾自动报警系统和自动灭火系统，且采用 A 级装修材料装修时，防火分区允许最大建筑面积不应大于 2 000 m^2。本题中服饰商场地面采用水泥木丝板装修，为 B_1 级，防火分区最大为 $500\times2=1\,000$（m^2）。

5. 消防安全问题：① 位于第一层的咖啡店仅设置一个疏散门。

② 位于第一层的咖啡店，店内最远点到店门的直线距离为 30 m。

③ 住户户门至楼梯入口的距离最大为15 m。

理由：① 建筑面积大于200 m² 的房间应至少设置2个安全出口。

② 位于第一层的咖啡店，店内最远点到店门的直线距离不应大于20 m。

③ 住宅单元的疏散楼梯，当任一户门至最近疏散楼梯间入口的距离不大于10 m时，可采用剪刀楼梯间。因此户门至楼梯入口的距离不应超过10 m。

6. 消防安全问题：① 地上三层450 m² 的多功能厅，室内墙面采用防火塑料装饰板。

② 地下服饰商场的地面均采用水泥木丝板装修。

③ 消防控制室内墙面装修采用矿棉板。

理由：① 高层建筑内，建筑面积大于400 m² 的观众厅、会议厅墙面应采用A级材料装修，当设有火灾自动报警装置和自动灭火系统时，也不应降低要求。本题中防火塑料装饰板燃烧性能为 B_1 级，因此不符合要求。

② 地下商业营业厅的地面装修应为A级，当设有火灾自动报警装置和自动灭火系统时，也不应降低要求。水泥木丝板为 B_1 级，因此不符合要求。

③ 消防控制室墙面应采用A级装修材料，当设有火灾自动报警装置和自动灭火系统时，也不应降低要求。矿棉板为 B_1 级，因此不符合要求。

【案例题四】

1. 消防给水存在的问题：

(1) 问题：吸水管安装无开启刻度的暗杆闸阀不符合规范要求。

理由：应采用明杆闸阀，或有开启刻度的暗杆闸阀或带自锁装置的蝶阀。

(2) 问题：吸水管采用同心大小头连接不符合规范要求。

理由：应该采用偏心异径管管顶平接方式。

(3) 问题：消防水泵安装高度不满足自灌式吸水不符合规范要求。

理由：消防水泵应满足自灌式吸水的要求。

(4) 问题：流量测试管路安装位置不符合规范要求。

理由：流量测试管路应安装在止回阀和闸阀之间。

(5) 问题：高位消防水箱的容积为18 m³ 不符合规范要求。

理由：商场部分面积大于3万 m²，高位消防水箱的容积不应小于50 m³。

2. 自动喷水灭火系统存在的问题：

(1) 问题：湿式报警阀组数量为3台不合理。

理由：该建筑为Ⅱ危险等级，增设报警阀组不少于5台。

(2) 问题：商场部分玻璃球泡5 mm的ZSTDY15-68 ℃型喷头不合理。

理由：商场火灾危险性为Ⅱ危险等级，不应采用吊顶隐蔽型喷头。

(3) 问题：地下车库喷头间距为3.6 m×3.6 m不合理。

理由：地下车库为Ⅱ危险等级，喷头布置间距不应大于3.4 m×3.4 m。

3. 水力警铃第一次测试未启动的原因：

(1) 系统侧管网中存在较多空气。

(2) 系统侧压力高于供水侧压力。

4. 测试结果不符合规范的地方：

(1) 问题：95 s水流指示器发出报警信号不符合规范要求。

理由：水流指示器应该在2~90 s内发出报警信号。

(2) 问题：报警联动控制器处于手动状态时，消防水泵未启动。

理由：压力开关动作信号应能直接启动喷淋泵，不受联动控制器处于自动或手动状态的影响。

5. 中庭采用自动喷水灭火系统改造应注意以下问题：

（1）中庭 $h=18$ m，设计喷水强度应不小于 15 L/(min · m^2)，作用面积应不小于 160 m^2。

（2）喷头应选用非仓库型特殊应用喷头，喷头安装间距为 1.8~3.0 m。

（3）该区域设置水流指示器及末端试水装置。

（4）因该区域的最小设计流量为 40 L/s，原有喷淋消防泵不能满足要求，需更换。

（5）原有消防水池的有效容积为 400 m^3，不能满足室内消防用水量，需增加。

（6）如接入原自动喷水灭火系统配水干管，应保证湿式报警阀所带喷头数不超过 800 只。

【案例题五】

1. ① 面粉碾磨间为乙类，中间仓库为丙类 2 项。

② 该建筑的分拣加工作业区中面粉碾磨间面积占比为 100/3 000 = 0.03<5%，因此其为丙类多层厂房；仓储区为丙类 2 项多层仓库。

③ 燃煤锅炉房为丁类厂房，车辆装配车间为戊类厂房。

2. 建筑构件设置不满足规范要求。

① 屋顶承重构件的燃烧性能和耐火极限均满足规范要求。

② 楼板的燃烧性能和耐火极限均满足规范要求。

③ 柱的耐火极限不满足规范要求。

④ 吊顶的燃烧性能不满足规范要求。

理由：① 采用自动喷水灭火系统全保护的一级耐火等级单、多层厂房（仓库）的屋顶承重构件，其耐火极限不应低于 1.00 h，且其燃烧性能为不燃性。

② 一级耐火等级多层厂房（仓库）的楼板应采用不燃材料，其耐火极限不应低于 1.5 h。

③ 一级耐火等级多层厂房（仓库）的柱应采用不燃材料，其耐火极限不应低于 3.0 h。

④ 一级耐火等级多层厂房（仓库）的吊顶应采用不燃材料，其耐火极限不应低于 0.25 h。

3. 防火分区划分方面不满足规范要求。

① 分拣加工作业区防火分区划分满足规范要求。

② 仓储区防火分区面积满足规范要求。

③ 仓储区防火分区的分隔不满足规范要求。

理由：① 分拣加工作业区为丙类厂房，其防火分区面积最大允许建筑面积为 6 000 m^2，设自动喷水灭火系统时可增加 1 倍，最大为 12 000 m^2。

② 丙类 2 项多层仓库防火分区建筑面积最大为 1 200 m^2，但是当仓储区储存除可燃液体、棉、麻、丝、毛及其他纺织品、泡沫塑料等物品外的丙类物品且建筑的耐火等级不低于一级，建筑内全部设置自动水灭火系统和火灾自动报警系统时，防火分区最大允许建筑面积可增加 3.0 倍，即 4 800 m^2。

③ 仓库内的防火分区之间必须采用防火墙分隔，不能采用卷帘分隔，且防火墙的耐火极限不低于 4.0 h。

4. 存在的消防安全问题：① 中间仓库采用 3.00 h 的防火隔墙与其他区域分隔。

② 办公室采用耐火极限 2.00 h 的防火隔墙与其他部位分隔。

③ 仓储区内设有门卫宿舍。

理由：① 厂房内设置中间仓库时，丙类

中间仓库应采用4.00 h的防火墙与其他部位分隔。

② 办公室设置在丙类厂房内时，应采用耐火极限不低于2.50 h的防火隔墙与其他部位分隔。

③ 员工宿舍严禁设置在仓库内。

5. 存在的消防安全问题：① 办公室与分拣加工区共用安全出口。

② 分拣加工区内设置了敞开楼梯间。

③ 分拣加工区内任一点到安全出口的最大距离为75 m。

理由：① 办公室设置在丙类厂房内时，应至少设置1个独立的安全出口。

② 丙类多层厂房的疏散楼梯应采用封闭楼梯间或室外楼梯。

③ 一级耐火等级的多层丙类厂房内任一点至最近安全出口的直线距离不应大于60 m，设置自动喷水灭火系统时也不得增加。

6. ① 该建筑与燃煤锅炉房的最小防火间距为10 m。

② 该建筑与综合办公楼的最小防火间距为15 m。

③ 该建筑与室外停车场的最小防火间距为6 m。

④ 该建筑与车辆装配车间的最小防火间距为12 m。

【案例题六】

1. 火灾自动报警系统存在的问题：

(1) 每个楼层报警回路容量设计不合理。

理由：每个混合回路连接的点位不应超过200个点，其中联动点不应超过100个点，且应有额定容量10%的余量，即每一回路最多连接200-256×10%=174（点），其中联动点不应超过100-256×10%=74（点）。

(2) 每一条报警总线上设有1只隔离器不合理。

理由：每条总线短路隔离器保护的火灾探测器等消防设备的总数不应超过32个点；总线穿越防火分区时，应在穿越处设置总线短路隔离器。

2. (1) 红外光束感烟探测器安装不符合要求。

理由：最顶层红外光束探测器的光束轴线至顶棚的垂直距离宜为0.3~1.0 m。

(2) 红外光束感烟探测器检测不符合要求。

理由：红外光束感烟探测器发出报警信号后，火灾报警控制器应在10 s内发出火灾报警信号。

3. 雨淋自动喷水灭火系统未启动的原因：联动逻辑不合理。

理由：雨淋系统的启动，应由同一报警区域内两只及以上独立的感温火灾探测器或一只感温火灾探测器与一只手动火灾报警按钮的报警信号，作为雨淋阀组开启的联动触发信号。

4. (1) 防火卷帘降落程序正确。

理由：非疏散通道上设置的防火卷帘应由防火卷帘所在防火分区内任两只独立的火灾探测器的报警信号，联动控制防火卷帘直接下降到楼板面。

(2) 防火卷帘未动作原因：① 防火卷帘控制模块故障；② 防火卷帘控制器本身故障。

5. (1) 问题：采用自带电源非集中控制型系统不符合规范要求。

理由：设有消防控制室应采用集中型控制系统。

(2) 问题：按照楼层为基本单元确定疏散方案不符合规范要求。

理由：应该按照防火分区为基本单元确定疏散方案。

(3) 问题：保持视觉连续方向指示灯为5 m不符合规范要求。

理由：安装间距不应大于3 m。

模拟测试 B 2021 年《消防安全案例分析》答案

【案例题一】

1. BCE 2. BD 3. AB 4. ABD 5. AD 6. CE 7. AC 8. ABD 9. AE

【案例题二】

1. CDE 2. ACE 3. ADE 4. BE 5. BCD 6. AC 7. ABC 8. BDE 9. BDE

【案例题三】

1. 消防安全问题：① 高层主体东侧设置宽 6 m 的门廊。

② 北侧的消防车登高操作场地距离建筑外墙 12 m。

理由：① 主体建筑东侧和北侧连续设置了消防车登高操作场地，在该范围内的门廊进深不应大于 4 m。

② 消防车登高操作场地靠建筑外墙一侧的边缘距离建筑外墙不宜小于 5 m，且不应大于 10 m。

2. 消防安全问题：① 地下一层舞厅建筑面积为 260 m^2。

② 地下二层设置常压燃油锅炉房。

③ 地下三层设置消防水泵房和柴油发电机房。

理由：① 歌舞娱乐放映游艺场所确需布置在地下或四层及以上楼层时，一个厅、室的建筑面积不应大于 200 m^2。

② 附设在建筑内的燃油锅炉房，确需布置在民用建筑内时，不应布置在人员密集场所的上一层、下一层或贴邻。

③ 消防水泵房和柴油发电机房设置在地下时，宜布置在地下一、二层，不应设置在地下三层及以下。

3. 消防安全问题：① 建筑主体玻璃幕墙的耐火完整性为 0.5 h。

② 在地下一层的娱乐区（卡拉 OK 厅 980 m^2，舞厅 260 m^2）划分为一个防火分区。

③ 每间卡拉 OK 的包房门均为木质隔音门。

④ 商店区域内的相邻防火分区之间设置防火卷帘。

理由：① 高层建筑的防火玻璃幕墙的耐火完整性不应低于 1.00 h。题中耐火极限为 0.5 h 不符合要求。

② 设置自动喷水灭火系统的地下一层娱乐区防火分区面积最大为 1 000 m^2。题中面积为 980+260=1 240（m^2），超出规范要求。

③ 歌舞娱乐游艺放映场所的厅、室之间，应采用耐火极限不低于 2.00 h 的防火隔墙和 1.00 h 的不燃性楼板分隔，设置在厅、室墙上的门和该场所与建筑内其他部位相通的门均应采用乙级防火门。

④ 一、二级耐火等级公共建筑内的安全出口全部直通室外确有困难的防火分区，可利用通向相邻防火分区的甲级防火门作为安全出口，应采用防火墙与相邻防火分区进行分隔。题中采用卷帘不符合要求。

4. 消防安全问题：① 地下一层疏散总净宽度为 15 m。

② 高层主体中设置了 1 个避难层。

③ 旅馆大堂设置宽度为 1.2 m 的疏散门。

④ 高层主体地上采用了上下连通的楼梯间。

理由：① 地下一层的百人疏散宽度指标为 1 m/百人，家具灯饰商店的人员密度为 0.6×30% = 0.18（人/m^2），卡拉 OK 厅和舞厅的人员密度均为 0.5 人/m^2。因此地下一层疏散总净宽度最小为（7 000×0.18+980×0.5+260×0.5）×1÷100＝18.8（m），因此 15 m 不符合要求。

② 第一个避难层（间）的楼地面至灭火救援场地地面的高度不应大于 50 m，两个避难层（间）之间的高度不宜大于 50 m。因此高度为 128.0 m 的建筑应设置最少 2 个避难层。

③ 人员密集的公共场所、观众厅的疏散门不应设置门槛，其净宽度不应小于 1.40 m，且紧靠门口内外各 1.40 m 范围内不应设置踏步。因此旅馆大堂的每个门宽最少 1.40 m。

④ 通向避难层（间）的疏散楼梯应在避难层分隔、同层错位或上下层断开。因此楼梯间不能上下连通。

5. 消防安全问题：① 疏散楼梯间地面为阻燃地毯。

② 宾馆客房墙面贴有墙布。

③ 消防电梯与防烟楼梯间的合用前室短边为 2 m。

④ 消防电梯前室在首层通过长度为 35 m 的通道直通室外。

⑤ 消防电梯排水泵的排水量为 5 L/s。

理由：① 疏散楼梯间和前室的顶棚、墙面和地面均应采用 A 级装修材料。题中阻燃地毯为 B_1 级，不符合要求。

② 建筑高度超过 100 m 的宾馆，其客房墙面应为 B_1 级装修材料，同时设置火灾自动报警系统和自动喷水灭火系统，也不能降低要求。题中墙布为 B_2 级，不符合要求。

③ 合用前室短边不应小于 2.4 m。

④ 消防电梯前室应在首层直通室外或经过长度不大于 30 m 的通道通向室外。

⑤ 消防电梯的井底应设置排水设施，排水泵的排水量不应小于 10 L/s。

【案例题四】

1. 启动电磁阀未动作原因：

① 启动电磁阀本身故障；

② 灭火控制盘与电磁阀连接线路故障；

③ 联动逻辑错误。

2. 见下图：

3. 检测员甲的说法不正确。理由：全淹没二氧化碳气体灭火系统对防护区大小没有限制。

4. 模拟喷气试验调试方案：

① 应对三个防护区进行模拟喷气试验并应合格。

② 应采用其充装的灭火剂进行模拟喷气试验。试验采用的储存容器数应为防护区设计用量所需容器总数的 5%，且不得少于 1 个。

③ 模拟喷气试验宜采用自动启动方式。

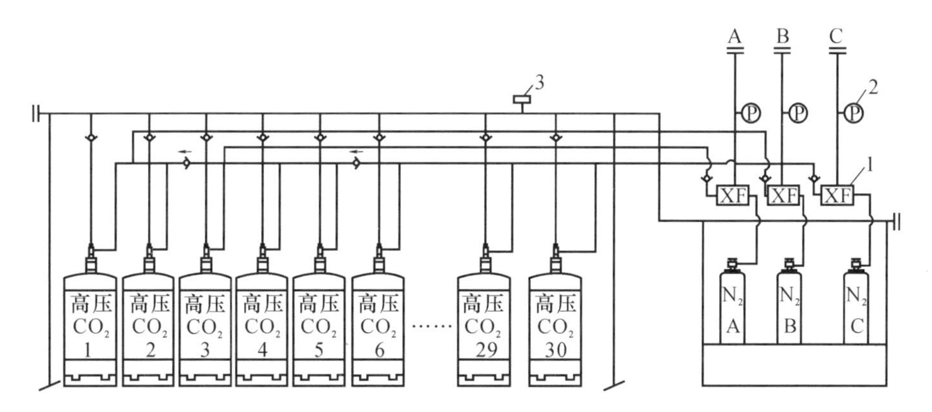

1—选择阀；2—自锁压力开关；3—安全阀。

5. 对于故障的探测器，不应实施屏蔽，应更换感烟探测器，重新组织产品现场检查、技术检测。未经现场检查合格，不得用于施工安装；系统未经竣工验收合格的，其不得投入使用 。

【案例题五】

1. 存在的问题：① 仓库采用标准流量快速响应洒水喷头不合理；② 货架采用非封闭隔板分隔，喷头未作保护不合理；③ 水泵房内设预作用装置 1 台不合理；④ 屋顶消防水箱最低有效水位距离最不利点洒水喷头高差为 6 m 不合理。

整改措施：① 应采用特殊响应洒水喷头或标准响应洒水喷头；② 货架内喷头应加设挡水板保护；③ 预作用装置不应少于 3 台；[3×6 000÷9÷800=2.5（台）] ④ 最不利点喷头静压不应小于 0.1 MPa，应加增压稳压设备。

2. 存在的问题：① 末端试水装置球阀距离地面 1.3 m 不合理；② 排水装置暗排方式不合理；③ 排水立管管径为 DN50 不合理；④ 末端试水装置压力为 0.03 MPa 不合理。

整改措施：① 末端试水装置球阀距离地面宜为 1.5 m；② 末端试水装置应用孔口出流方式排入排水管道；③ 排水立管管径不应小于 DN75，且宜设伸顶通气管；④ 工作压力不应小于 0.05 MPa。

3. 可能的原因：① 流量开关与水泵之间线路故障；② 消防水泵控制柜处于手动启泵状态；③ 消防水泵控制柜故障（继电器、互感器损坏）；④ 消防水泵电源故障。

4. 存在的问题：① 管道强度试验压力为 1.4 MPa；② 管道试压缺少气密性试验；③ 调试 95 s 出现持续性水流不合理。

理由：① 管道强度试验压力应为 1.5 MPa；② 预作用系统管道完成水压严密性试验后，还应进行气密性试验。③ 代替干式的预作用系统管网充水时间不应超过 1 min。

5. 喷淋泵启动控制程序不正确。

理由：该预作用由于环境因素，系统准工作状态时严禁管道充水，宜采用火灾自动报警系统和充气管道上设置的压力开关控制的预作用系统。

【案例题六】

1. ① 该厂房为人员密集的丙类多层厂房。

② 该服装厂房为二级耐火等级。

2. 存在的消防安全问题：① 外墙外保温材料采用酚醛泡沫。

② 外墙保温系统外表面采用 10 mm 的不燃材料作防护层。

③ 地下一层划分为 4 个防火分区。

理由：① 人员密集场所的建筑，其外墙外保温材料的燃烧性能应为 A 级，而酚醛泡沫为 B_1 级，不合理。

② 建筑的外墙外保温系统当采用 B_1、B_2 级保温材料时，防护层厚度首层不应小于 15 mm，其他层不应小于 5 mm。因此首层防护层厚度不合理。

③ 丙类地下、半地下厂房防火分区建筑面积最大为 500 m^2，设置自动喷水灭火系统时增加 1 倍，最大为 1 000 m^2，而该地下厂房建筑面积为 200×50 = 10 000（m^2），应最少划分 10 个防火分区。

3. 存在的消防安全问题：① 中间储罐采用 1.00 h 的楼板与厂房分隔。

② 库管办公室采用耐火极限为 1.50 h 的岩棉夹芯彩钢板分隔。

③ 辅料和成品库内安装乙级防火门通向走道。

④ 辅料和成品库房采用 1.00 h 的楼板与厂房分隔。

⑤ 厂房使用的天然气管道通过防火墙上的预留孔洞输送到生产区。

理由：① 设置中间储罐的房间应采用耐火极限不低于 3.00 h 的防火隔墙和 1.50 h 的楼板与其他部位分隔，房间门应采用甲级防火门。而题中楼板的耐火极限为 1.00 h，不符合要求。

② 办公室、休息室设置在丙类厂房内时，应采用耐火极限不低于 2.50 h 的防火隔墙和 1.00 h 的楼板与其他部位分隔，并应至少设置 1 个独立的安全出口，如隔墙上需开设相互连通的门时，应采用乙级防火门。而题中隔墙的耐火极限为 1.50 h 不符合要求。

③ 疏散走道两侧的墙均为防火墙，防火墙上不应开设门窗洞口，确需开设时，应采用火灾时可自动关闭的甲级防火门。因此题中乙级防火门不符合要求。

④ 丙类中间仓库应采用防火墙和耐火极限不低于 1.50 h 的不燃性楼板与其他部位分隔。题中楼板的耐火极限为 1.00 h 不符合要求。

⑤ 可燃气体和甲、乙、丙类液体的管道严禁穿过防火墙。题中天然气管道为可燃气体管道，其设置不符合要求。

4. 存在的消防安全问题：① 首层设置一条 1.2 m 宽的走道。

② 二层设置一条 1.2 m 宽的走道。

③ 二层设置了 2 部楼梯间

④ 封闭楼梯间的门采用双向弹簧门。

⑤ 地下一层生产区域最不利工位距离最近的疏散楼梯间为 40 m。

理由：① 厂房内疏散走道的最小净宽不宜小于 1.4 m。

② 本厂房百人疏散宽度指标为 0.6 m/百人，第二层疏散总净宽度为 400×0.6÷100＝2.4（m），故疏散走道最小应为 2.4 m。

③ 二层设置有 2 个防火分区，每个防火分区安全出口不应少于 2 个，最少为 4 部楼梯间。且设置两部楼梯间时，疏散总净宽度为 1.1×2＝2.2（m），不满足 2.4 m 的要求。

④ 高层建筑、人员密集的公共建筑、人员密集的多层丙类厂房、甲和乙类厂房，其封闭楼梯间的门应采用乙级防火门，并应向疏散方向开启；其他建筑，可采用双向弹簧门。本厂房为人员密集的多层丙类厂房，封闭楼梯间应采用乙级防火门。

⑤ 丙类地下、半地下厂房内任一点至最近安全出口的直线距离不应大于 30 m，设自动喷水灭火系统时也不得增加距离。

5. 存在的消防安全问题：① 采用液化石油气的锅炉房设置在地下一层。

② 锅炉房的排风机房布置在地下一层。

③ 排风管暗敷直接通向室外安全地点。

④ 沿建筑两个长边设置消防车道。

⑤ 消防救援窗口，每层窗口间距为 25 m。

理由：① 液石油气的相对密度大于 0.75，不应设在地下一层，且锅炉房不应贴邻人员密集场所设置。

② 排出有燃烧或爆炸危险气体、蒸气和粉尘的排风系统，排风设备不应布置在地下或半地下建筑（室）内。

③ 排出有燃烧或爆炸危险性气体、蒸气和粉尘的排风系统，排风管应采用金属管道，并应直接通向室外安全地点，不应暗设。

④ 当建筑物沿街道部分的长度大于 150 m 或总长度大于 220 m 时，应设置穿过建筑物的消防车道，确有困难应设置环形消防车道。该厂房沿街长度为 200 m，且总长度为 200+50＝250（m），最低要求应设置环形消防车道。

⑤ 消防救援窗口间距不宜大于 20 m。

参　考　文　献

[1] 罗静. 消防安全案例分析一书通关[M]. 北京：机械工业出版社，2018.
[2] 罗静. 消防安全技术实务一书通关[M]. 北京：机械工业出版社，2018.
[3] 罗静. 消防安全技术综合能力一书通关[M]. 北京：机械工业出版社，2018.
[4] 中国建筑标准设计研究院.《火灾自动报警系统设计规范》图示[M]. 北京：中国计划出版社，2014.
[5] 中国京冶工程技术有限公司，应急管理部天津消防研究所，中国建筑标准设计研究院有限公司.《建筑设计防火规范》图示[M]. 北京：中国计划出版社，2018.
[6] 中国消防协会. 消防安全案例分析[M]. 北京：中国人事出版社，2019.
[7] 中国消防协会. 消防安全技术实务[M]. 北京：中国人事出版社，2019.
[8] 中国消防协会. 消防安全技术综合能力[M]. 北京：中国人事出版社，2019.